U0353129

阿尔法与奥米伽

阿尔法与奥米伽

寻找宇宙的始与终

[美]查尔斯·塞费 著

隋竹梅 译

世纪出版集团 上海科技教育出版社

出版说明

自中西文明发生碰撞以来，百余年的中国现代文化建设即无可避免地担负起双重使命。梳理和探究西方文明的根源及脉络，已成为我们理解并提升自身要义的借镜，整理和传承中国文明的传统，更是我们实现并弘扬自身价值的根本。此二者的交汇，乃是塑造现代中国之精神品格的必由进路。世纪出版集团倾力编辑世纪人文系列丛书之宗旨亦在于此。

世纪人文系列丛书包涵“世纪文库”、“世纪前沿”、“袖珍经典”、“大学经典”及“开放人文”五个界面，各成系列，相得益彰。

“厘清西方思想脉络，更新中国学术传统”，为“世纪文库”之编辑指针。文库分为中西两大书系。中学书系由清末民初开始，全面整理中国近现代以来的学术著作，以期为今人反思现代中国的社会和精神处境铺建思考的进阶；西学书系旨在从西方文明的整体进程出发，系统译介自古希腊罗马以降的经典文献，借此展现西方思想传统的生发流变过程，从而为我们返回现代中国之核心问题奠定坚实的文本基础。与之呼应，“世纪前沿”着重关注二战以来全球范围内学术思想的重要论题与最新进展，展示各学科领域的新近成果和当代文化思潮演化的各种向度。“袖珍经典”则以相对简约的形式，收录名家大师们在体裁和风格上独具特色的经典作品，阐幽发微，意趣兼得。

遵循现代人文教育和公民教育的理念，秉承“通达民情，化育人心”的中国传统教育精神，“大学经典”依据中西文明传统的知识谱系及其价值内涵，将人类历史上具有人文内涵的经典作品编辑成为大学教育的基础读本，应时代所需，顺时势所趋，为塑造现代中国人的人文素养、公民意识和国家精神倾力尽心。“开放人文”旨在提供全景式的人文阅读平台，从文学、历史、艺术、科学等多个面向调动读者的阅读愉悦，寓学于乐，寓乐于心，为广大读者陶冶心性，培植情操。

“大学之道，在明明德，在新民，在止于至善”（《大学》）。温古知今，止于至善，是人类得以理解生命价值的人文情怀，亦是文明得以传承和发展的精神契机。欲实现中华民族的伟大复兴，必先培育中华民族的文化精神；由此，我们深知现代中国出版人的职责所在，以我之不懈努力，做一代又一代中国人的文化脊梁。

上海世纪出版集团

世纪人文系列丛书编辑委员会

2005 年 1 月

阿尔法与奥米伽

目录

对本书的评价

对那些通常以过分漫不经心方式随便传播的术语，本书进行了极为清晰而简洁的介绍。作者镇定自若地……回避了形式数学，以迎合不熟悉高等物理学的读者。读一读这本书，你就会在言谈中，比过去更加自信地使用像“带味中微子”、“哈勃常量”、“奇异暗物质”之类的术语。不信试试看。

——《洛杉矶时报》(*Los Angeles Times*)

这本书是使宇宙学读起来充满趣味的那一类读物。它不是科幻小说，而是科学界最优秀人才之最佳见解的至高点。

——《威斯康星州日报》(*Wisconsin State Journal*)

这是一本新闻提要式的宇宙学指南，它把千奇百怪的种种现象……放入一幅自洽完整的宇宙学图景之中。

——《天文学》(*Astronomy*)

读此书就像是在揭开一个大秘密……作者把读者带进了一次穿越历史的神奇之旅……读者将会分享到数个世纪以来最深刻的见解与发现。

——《德撒律早报》(*Deseret Morning News*)

易读，简练。

——《耶鲁校友杂志》(*Yale Alumni Magazine*)

作者给出了对万物之理的全面评述，从古代直至今日的最新发现……[而且] 对每个复杂题目都提供了清楚易懂的解释。

——《出版人周刊》(*Publishers Weekly*)

作者关于宇宙学基础的叙述，无论是对门外汉，还是对熟悉这个领域的人，都会有吸引力——至少从科普作品的角度来看是这样。这种双重吸引力源自作者独特的透彻思维，以及近年来震撼宇宙学的那些巨变。作者关于时空前沿猜测的信息，以及他对已证实的现象所作的可信的介绍，将会满足任何……希望初步了解宇宙起源与命运的科学知识方面的需求。

——《书目》(*Booklist*)

紧跟时代且使人跃跃欲试的新宇宙学之旅……作者对决定性的实验和观测以及由此产生的有时候看上去疯狂的理论，提出了简单而非数学性的总结。对于非专业读者来说，本书是个不错的摘要。

——《科克斯书评》(*Kirkus Reviews*)

易读且易懂……提供了一些有价值的内容，甚至能启发熟悉通俗文学的读者。作者关于背景辐射物理学的论述，与通俗文学中的任何内容一样清晰、一样新潮。

——克劳斯（Lawrence Krauss），

《纽约时报书评》（*The New York Times Book Review*）

作者巧妙地避开了专业术语，而采用通俗易懂的阐述方式，使《阿尔法与奥米伽》成为初学者了解宇宙起源与演化的最触手可及的指南。

——《探索》（*Discover*）

内 容 提 要

人类祖先仰望苍穹，但见星移斗转、日落月升，茫然和敬畏油然而生。宇宙从何而来？它最终又会向何处去？对茫茫太空的探索，是人类科学精神的永恒主题。本书真实记录了数百年来人类探索宇宙的轨迹：奇异的暗物质、神秘的宇宙微波背景辐射、惊人的宇宙暴胀、玄妙的时空涟漪……抽象晦涩的科学知识，在作者的笔下变成了娓娓动听的科学故事；三次宇宙学革命，又见证了科学家在探索旅程中所经历的无数坎坷，所走过的艰难历程。当这个故事结束时，你会望见宇宙诞生那一刻的壮丽以及宇宙演化图景的辉煌，也会洞悉宇宙终将走向毁灭的归宿。

作者简介

查尔斯·塞费，美国纽约大学新闻系教授，耶鲁大学数学硕士。《科学》(*Science*)、《新科学家》(*New Scientist*)、《科学美国人》(*Scientific American*)、《经济学家》(*The Economist*)等多家杂志的撰稿人。著有《零》(*Zero*)、《解码宇宙》(*Decoding the Universe*)、《瓶中的太阳》(*Sun in a Bottle*)、《证明》(*Proofiness*)、《虚拟非现实》(*Virtual Unreality*)等作品，曾获美国笔会玛莎·阿尔布兰德奖。

致　谢

在撰写本书时，我得到了很多人的帮助，要一一列出他们的名字，难免挂一漏万。在过去几年中，我与数十位物理学家、宇宙学家和天文学家进行了面谈，他们耐心地向一位记者解释自己工作的细节。我感谢他们的热诚态度与耐心。首先就是因为他们，我才写下了这本书。（当然，对书中的任何错误，他们没有责任——任何错误都由我自负。）

我还要感谢编辑沃尔夫（Wendy Wolf）、文字编辑霍穆尔卡（Don Homolka），以及我的经纪人布罗克曼（John Brockman）和马特森（Katinka Matson）。最后，但是同样重要，我的双亲给了我坚定的支持（和建设性的评论），即使是在他们生活最艰难的日子里。谢谢你们所做的一切。

前　　言

我是阿尔法，我是奥米伽；我是首先的，我是末后的；我是始，我是终。

——《启示录》22：13

100 亿光年的远处，自然界在厉声呐喊。转瞬间，一颗恒星爆炸了，其能量比 1 万亿亿亿颗氢弹齐爆还要巨大。几个星期内，这个奄奄一息的太阳的火葬柴堆猛烈地发出了耀眼的光芒，它的烈焰使自己所在星系的无数恒星黯然失色。当一颗恒星成为超新星死亡时，它的身影跨越半个宇宙都还能看到。

那颗超新星发出的光行进了 100 亿年，一路渐行渐弱，波长不断地伸长。当它到达地球时，已经过于黯淡，肉眼无法看见。然而，天文望远镜能够看见超新星在天空中所呈现的微弱光斑。这是一条来自宇宙另一端的信息——一条预示着地球上一场革命开始的信息。

这场革命开始于 20 世纪 90 年代晚期，那时候有两组科学家开始解译濒死恒星的死亡剧痛。他们的观测表明，宇宙充满着一种神秘的“暗能量”，一种拉伸着独特的时空结构的不可见的东西。暗能量的发现，使天文学家既困惑不解，又满心欢喜。他们竭力证实了这些观测结果，并力图解开这个谜团。而且，这颗恒星濒死的呻吟，隐藏着宇宙死亡的秘密——科学家只需解译来自这颗濒死恒星的信息，就能够弄明白宇宙将如何终结。

这条信息现在已经被破解。2001年6月25日，《时代》（*Time*）杂志把封面献给了宇宙末日。它惊呼道：“探视时空深处，科学家刚刚揭开宇宙最大的秘密。”这并非过分渲染。宇宙学家现在知道了宇宙将如何结束，而一系列开始陆续有了结果的新实验，正在揭开宇宙大爆炸的面纱，告诉我们宇宙是如何开始的。

这场革命在多条战线上进行着，参加者有天文学家、宇宙学家和物理学家，他们曾爬上智利山脉的顶峰，钻入加拿大地下深处，甚至困守在南极的荒野之中，他们的身影遍及全球。《阿尔法与奥米伽》是关于星系追踪者的故事，是关于微波聆听者的故事，是关于引力理论学家和粒子物理学家的故事，是关于量子理论学家以及核子加速器工作者的故事。所有这些人，都与这些重大发现有关。关于他们的每一个故事，讲出来都非同小可。把这些故事加在一起，就汇成了我们对宇宙认识的重大一步。这一步此刻正在发生，而且远远没有结束。

《阿尔法与奥米伽》是关于数十年来最激动人心的科学发现的故事，是关于这些发现背后的人们的故事。这本书还是一本指南，引领读者去了解《时代》、《纽约时报》（*New York Times*）、《科学》及世界各地其他报纸和杂志的头条新闻。在今后若干年中，这场宇宙学革命将会一再成为重大新闻。总之，这是21世纪最重要的科学故事之一。当这个故事讲完之后，我们就会看到宇宙诞生的那一刻，也会看到人类自身毁灭的真相。

第一章
最初的宇宙学：神的黄金时代

上帝找到“夜”和她的儿子“日”，送给他们两匹马和两辆车，把他们送上天空，这样他们就要驾着马车每24小时绕世界一周。“夜”驾马先行，她的马叫做赫利姆法克西（Hrimfaxi），每天早晨它用马嚼子上的唾沫沾湿大地。“日”的马叫做斯基因法克西（Skinfaxi），整个大地和天空都被它的鬃毛照亮。

——斯图鲁松（Snorri Sturluson），

《散文埃达》（*The Prose Edda*）

也许这件事发生在3万年以前的一个仲冬之夜。一个洞穴人部落簇拥着一个即将熄灭的火堆。有一张毛茸茸的脸仰望着星空，陷入了迷茫。就在此刻，与天空中那无数颗闪烁而又不变的星星不同，有一颗星星移动了。一个向宇宙深处眺望的人，看见了一位漫步的神留下的足迹。

甚至在文明诞生以前，人们就已经在仰望苍穹，想知道其中的奥妙。是谁创造了天空中的星辰？宇宙是怎样诞生的？宇宙有终结吗？如果有，又会怎样结束？这些问题是人类最古老的问题。然而，千百年来，回答这些奥秘的唯一方式是通过神话故事。甚至在今天，这些神话的痕迹在天空中依然可见。那些信步漫游在星空中、被人们称为“行星”的小亮点，都有一个神的名字。红色的火星浸染了征服者的鲜血；明亮的金星透着爱神的诱惑在清晨发光。每一种文明都唤起自己的神祇来解释宇宙的创生和夜空中星辰的存在，有的还解释了宇宙的最终毁灭。

有三次革命把现代宇宙学家同巫师及神话时代说故事的人区别了开来。第一次革命发生在16世纪，这是最危险的一次革命。它的敌人指责它是异端邪说和巫术，并设法用尽十八般兵器，想一举扼杀它。第二次革命开始于20世纪20年代，也是最混乱的一次。“秩序井然的宇宙”这个令人欣慰的概念破灭了，而且，在广袤空寂的宇宙中，人类突然被孤立了。科学家第一次看到了创世行为的证据。这两次革命把我们带入今天正在进行的第三次革命之中，这次革命终于回答了那些永恒的问题，揭示了我们的起源和我们的最终命运。

在一个晴朗的日子，你如果仰望苍穹，眼睛眯得恰到好处，那么就可以把苍穹想象成一个完美无瑕的蔚蓝色圆屋顶，高高地架在天空中那轻纱般的浮云之上。对于古人来说，天空的圆屋顶是一个实体。地球被这个美丽的球体包围着，在白天，随着太阳慢慢地从东走到西，这个球体发出蓝色的光；到了夜晚，微小的、闪烁的点点光亮，戏弄着远在它们下方的人类，还有一条隐约出现、微微发亮的带子，在环绕地球的那个巨大球体上展开。

是谁塑造了那个球体？每一种文化都有一个不同的答案。每一个民族都有一个关于创世的故事，这些故事讲述了神是如何出现、又是怎样创造宇宙的。不难理解，斯堪的纳维亚人认为宇宙来自冰。当霜与火交错，霜融化并形成一个名叫尤弥尔（Ymir）的巨人。主神奥丁（Odin）和他的兄弟们杀死了尤弥尔，化其头颅为天穹、身躯为大地、血液为海洋、脑髓为云朵。他们又在天空中安置好星辰，让发光的太阳车和月亮车在天空中相互追逐——每辆车永远被一只狼追逐着。[1]北美中部的波尼族印第安人把玉米当成万物之母，认为玉米妈妈赋予人类生命，人就像他们赖以生存的庄稼一样，是从地里冒出来的。一些文化认为，宇宙起源于浩瀚的海洋；还有一些文化认为，宇宙是从无固定形状的混沌中诞生的。形形色色的传说各自讲述了宇宙的起源，然而，大多数故事都集中在一些相同的事情上：诸神的诞生，天空、大地、星辰的创造，还有男人和女人的塑造等。任何一种宗教都以这些内容为基础，因为它们回答了自创世以来人类一直在追问的基本问题。在科学革命赋予人类另外一件考察宇宙的工具之前，人们只能够通过听信巫师讲述的故事，听信哲学家的冥想，来探索宇宙的历史和本质。宗教和哲学组成了古人的宇宙学。

在众多这类宇宙学说中，有两种宇宙学主宰了从古罗马上升时期之前直至莎士比亚（William Shakespeare）时期的西方世界。尽管这两种宇宙学传统互相矛盾，但是它们相互融合并创立了一个关于宇宙的故事，在科学方法出现之前，这个故事几乎无懈可击。东方的、被编入《圣经》的闪米特人的宇宙学说与西方的、希腊罗马人的宇宙学说相结合，形成了一个坚实的结构，并存在了一千多年。人们经过一场宇宙学革命，才最终推翻了这个庞然大物。

英文中**宇宙**（cosmos）这个词源自希腊语，原意是“秩序”。宇宙作为一个整体，在希腊神话的混乱中，是唯一能够找到的秩序。日复一日，在赫利俄斯（Helios）这个太阳车驾驭者的操纵下，太阳每天在空中穿行；每个月，月亮随着盈亏交替地变圆变缺。[2] 夜空中，恒星固定不动，只有五个漫游者——行星——在那不变的天幕上移动着。[3]即使在今天，我们也都知道它们的名字来自奥林匹亚诸神：墨丘利（Mercury，水星）、维纳斯（Venus，金星）、玛尔斯（Mars，火星）、朱庇特（Jupiter，木星）和萨图恩（Saturn，土星）。这些都是希腊诸神的罗马名字，希腊诸神的本名是：赫尔墨斯（Hermes）、阿佛洛狄忒（Aphrodite）、阿瑞斯（Ares）、宙斯（Zeus）和克罗诺斯（Cronus）。希腊人看到了天体在极有规律的运动中的秩序，而且他们在自己的文明中很早就开始研究这种运动规律的细节。公元前585年，希腊数学家泰勒斯（Thales）成为第一个预测日食到来的人。据希罗多德（Herodotus）记载，在米堤亚人和吕底亚人的交战中，白昼突然变为黑夜，所有人都惊慌失措，于是断定，这是放下武器停战的好时机。

在了解天体如何运行这个过程中，泰勒斯成为第一位仰望星空的宇宙学家，他的逸事一度成为邻居们的笑柄。几个世纪后，据苏格拉底（Socrates）所述，“有一次泰勒斯在仰头研究群星时，失足掉进一个坑里，一个漂亮而又颇具幽默感的色雷斯女佣还对他进行了一番调侃。”泰勒斯全神贯注地研究和观察，用自己的心智创造了一个完整的宇宙。

也许因为希腊关于创世的故事十分凌乱，而且矛盾重重，所以泰勒斯在建立自己的宇宙学说时，把这些故事丢在一边。虽然他相信宇宙中处处都有神的存在，然而他却从神的手中夺过了创世行为。在泰勒斯的宇宙中，水是万物的本源，大地就好比是一个软木塞，浮在水面上。并不是每个人都同意泰勒斯的看法，认为水是原初物质，宇宙产生于水。另外一些人，如阿那克萨哥拉（Anaxagoras）和第欧根尼（Diogenes）则认为，先有气，后有水。（归根结底，水克火，所以，水不可能生出火。）还有人认为，火是首要的。生活在公元前 450 年前后的恩培多克勒（Empedocles）不想只挑出一种本源，他认为土、气、火和水是四大元素。恩培多克勒声称，这四种元素以不同的组合形成了宇宙万物。

哲学家也对天体运行规律的本质展开争论。他们关注天空，设法弄明白宇宙的秩序以及地球在这个秩序中的位置。他们从描述地球本身开始。毕达哥拉斯（Pythagoras），这位以勾股定理而闻名于世且与众不同的哲学家认为，包括地球在内的星球围绕着“中心火”旋转。有人认为地球是扁平的；还有人认为地球是球形的，位于宇宙的中心。到了公元前 4 世纪，亚里士多德（Aristotle）成为举足轻重的哲学家。亚里士多德出生于马其顿王国，曾师从苏格拉底的学生柏拉图（Plato）。后来亚里士多德成为马其顿的亚历山大（Alexander of Macedon，即著名的亚历山大大帝）的老师。就像亚历山大大帝征服了西方一样，亚里士多德的哲学也征服了西方。

亚里士多德的宇宙是井然有序的，万物在宇宙中都有自己的位置。恩培多克勒的四大元素也有它们自然的位置：土是最重的元素，沉到宇宙的中心，所以地球便十分自然地位于宇宙的最中心；水稍轻，故漂浮于土上，但是又在气与火之下；而气与火则更轻些。亚里士多德又加上第五种元素——按字面解释，就是精纯物质——一种最纯的元素。地上的东西是由土、气、火与水组成的，而精纯物质只有天上才有。在亚里士多德看来，构成纯净而一成不变的苍穹的物质，与那些无常但又静止不动的东西完全不同。地球在宇宙的中心，月亮、太阳和其他星辰，在各自完美而又清澈透明的球体中围绕地球运转，永不止息，构成了空中天体的和声——天穹之乐。

这种宇宙学说以纯逻辑为基础。亚里士多德作出某些基本假设——宇宙肯定是有限的，万物都有一个自然的位置，圆和球体都是最完美的几何图形——由此，他推断出自己所认为的宇宙的自然秩序。亚里士多德的老师柏拉图曾经嘲笑那些“轻率的人”，说他们“是上方世界的学生，简单地把通过视觉取得的东西当作这类事情最可靠的证据”。亚里士多德也认同这种看法，认为只进行观察，是傻瓜才会干的事。

亚里士多德的宇宙不看重神学。它只需要有一个把天体发动起来的“第一推动者”存在，但并没有具体说明驱动者的本质。这正是亚里士多德的宇宙学说在一种完全不同的文化成为西方宗教基础之后，还能够如此长盛不衰的部分原因。

“起初神创造天地。地是空虚混沌的，渊面黑暗；神的灵运行在水面上。”《创世记》的开篇，就是犹太宇宙学的基础，后来还成为基督教宇宙学的基础。其根基植于最初文明的朦胧历史之中，植于新月沃土之上。千百年过去了，在《希伯来圣经》* 以文字方式被记载下来后，基督利用了这个古老的传统信仰，并把它变为一种新形式。

希腊宇宙学说中安排了一帮心胸狭窄、争吵不休的神，而与此不同的是，犹太宇宙学说讲述的是一个无所不能、无所不知的神，这个神从无中开天辟地。他独自一人塑造了苍穹和下面的大地，并在天上安排了太阳、月亮和星辰，使它们各就其位。他的创世行为用了六

* 犹太教启示性经典文献，被称为《塔纳赫》。后来的《圣经·旧约》内容与其一致，基督教称其为《希伯来圣经》或《旧约圣经》。——译者

天，但是，宇宙（包括天体）是在第四天完成的。神在第六天创造了人，此时他的成就达到了顶峰。[4]《创世记》把事情安排得层次分明、井井有条。上帝高于一切，其次是男人，他是上帝按照自己的形象创造的，再次是女人。然后，是田野里的走兽、空中的飞禽、水中的游鱼、草木，之后就是地球本身。人掌管万物，宇宙中的一切为人而生。太阳和月亮用来为人的方便而区分白昼与黑夜；与数不清的星辰一起，它们被创造出来，就是要给人带来光明。人是宇宙的中心，无论从实际意义上还是象征意义上，都是如此。

当罗马征服希腊时，它吸收了希腊的哲学和文化，还有其宇宙学，而当罗马共和国和罗马帝国扩张到已知的世界时，亚里士多德的宇宙画卷也随之展开。但是，罗马后来反被基督教（一种从犹太教中分离出来的宗教）所征服。公元1世纪末，基督教只是一个很小的教派。仅仅不到3个世纪之后，当时世界上最强大的国家的统治者君士坦丁（Constantinus）大帝，皈依了基督教，希腊罗马文化与基督教文化开始结合。亚里士多德模棱两可的神学，使早期的基督教很容易将它吸收进来，正如罗马曾经很容易吸收它一样。（《新约》是用希腊文写的，总之，就像这样，早期教会已经吸收了大量的希腊文化。）于是，带有希腊哲学底色的基督教教义，便在西方世界成为起主导作用的宇宙学。

西方世界宇宙学的亚里士多德部分，具有一种非常坚实的基础，它基于对自然界的观察。公元2世纪，在亚历山大城这个古代世界的智识之都，数学家托勒玫（Ptolemy）根据亚里士多德的宇宙学，建立了一个扑朔迷离、极为复杂的宇宙模型。在这个模型中，地球是宇宙的中心，恒星和行星按圆形轨道围绕地球运行。为了解释行星的复杂运动（例如火星运动偶尔出现倒退，即“逆行”），托勒玫提出，行星在围绕地球运行的同时，以很小的圆圈舞动，这种小圆圈被称为本轮（epicycle）。

托勒玫的有条不紊的宇宙运转得美妙无比，它把行星运动解释得相当精确，为亚里士多德的宇宙学理论提供了看上去是不可撼动的支持。托勒玫在亚里士多德的地心宇宙的基础上，塑造了一个强大的宇宙学说，一个有预言能力的宇宙学说。这个宇宙学说对行星运动的描述能力，连同那个似乎恰如其分地描述了基督教上帝的“第一推动者”一起，使亚里士多德和托勒玫的宇宙天衣无缝，这种情况一直延续到伊丽莎白（Elizabeth）时代。

尽管亚里士多德和托勒玫的宇宙学有时候会与《圣经》发生冲突，但还是得到了教会的认可。例如，《圣经》中的《诗篇 148》感叹道：“天上的天和天上的水，你们都要赞美他。”虽然天上有水，解释了天空为什么呈蓝色，也解释了雨水的来源，但亚里士多德的宇宙学禁止如是说，它认为水是重元素，因此水不属于天上，只允许存在于地球上。

尽管教会自身在亚里士多德与《圣经》之间的矛盾中苦苦挣扎，但最终还是使用了亚里士多德宇宙学说作为自己的神学基础。攻击亚里士多德，就等于攻击教皇本人传下来的真理。于是，当革命推翻了亚里士多德的时候，教会发现自己也成了输家，此后再没有恢复元气。

第二章
第一次宇宙学革命：哥白尼学说

不可或缺的触发剂就是说出的话，即辨明了的想法。因此，所说的话——控制不住的话；无拘无束地流传着的话；暗地里传播着的话；桀骜不驯地涌动着，从一开始就没有套上制服、没有经过批准的话——胜过炸药和匕首，使独裁者胆寒。

——卡普钦斯基（Ryszard Kapuscinski），

《伊朗王中王》（*Shah of Shahs*）

在梵蒂冈高高的墙上能找到一幅小小的黄色画像，那是一件文物，历经400年的战斗洗礼。那是一个表情呆滞、长着胡须的人，他凝视着自己的左方，周围是花朵和月桂枝，头顶上有两把通往天堂的钥匙。如果不是旁边有一行拉丁文写着“伽利略”（Galileo Galilei）的话，没有人能够认出他。伽利略在他的那个时代，是最有名望的科学家，但却被罗马宗教裁判所宣判有罪，并处以终身监禁。而现在，他却受到了教会的青睐，他的画像周围点缀着代表教皇的装饰。几米外的墙上还有一幅画像，画中人长着胡须，凝视着自己的右方。这个人头戴一顶三重冠，告诉人们他是一位红衣主教，教会的巨头之一。此人是红衣主教贝拉尔明（Robert Bellarmine），他是罗马宗教裁判所的主审，也是要设法制服伽利略的第一人。贝拉尔明的画像四周也缀满月桂枝，他也荣获两把通往天堂的钥匙。伽利略和贝拉尔明一生中都是对手，却都得到了教会授予的荣誉，并且两人的画像被放在梵蒂冈的同一面墙上。不过，他们的目光仍然注视着相反的方向。

距离第一次宇宙学革命的发令枪声已有400年，罗马天主教会仍然在是否与自己的过去妥协之中苦苦挣扎。自“科学”这个领域诞生以来，教会就试图打倒那些不留神踩到了基督神学理论尾巴的科学家。然而，不幸的是，对某些科学家来说，不入禁区是一件难事，尤其是在现代科学的第一次重大成就即将动摇古老的亚里士多德宇宙——就要把一个完备如果壳的安逸的宇宙砸得粉碎——之后，就更是如此。有史以来头一遭，科学为“宇宙的本质”提供了真知灼见。一群新型的哲学家开始讲述宇宙如何形成的故事，这些故事与亚里士多德和托勒玫的宇宙学发生了矛盾。教会——其基础正是建立在那枚古老的果壳之上——反击了。

科学的宇宙学说最终战胜了亚里士多德的宇宙学说。然而，这既没有使伽利略感到欣慰，也没有使这场斗争中的其他受害者得到安慰。在神学与科学发生冲突之后的好几个世纪中，教会仍然因为它在第一次宇宙学革命中的失败而备受困扰。

教会对亚里士多德和托勒玫这两位古希腊的西方宇宙学建筑师既

爱又恨。以中世纪的人的眼光来看，希腊人的宇宙很能说明一些问题：恒星和行星都各就其位，组成宇宙中所有物质的元素也是如此；沉甸甸的土落在宇宙的中心，形成了我们脚下的大地；水略微轻一些，铺在地上，形成海洋与河流；气则更轻一些，形成了我们呼吸的大气；火是最轻的元素，毕竟，火焰是冲向天空的；太阳、月亮、行星和恒星则形成于某些轻而炽热的物质，它们栖息在天空中，在清澈透明的球体中围绕地球运转。亚里士多德的宇宙需要一个第一推动者，这一点对教会更具吸引力。希腊宇宙学说是神存在的固有证据。

那个第一推动者，那个使透明球体运转的人，就是基督教义中的上帝，对这一想法，几乎没有西方哲学家和神学家会质疑。教会心甘情愿地接受了亚里士多德思想，因为看到其有证明上帝存在的价值。但是没过多久，神学家发现，其实亚里士多德宇宙学说与《圣经》有冲突。古希腊智慧否定有万能神的存在，这是一种异端思想。在教会的历史中，亚里士多德的果壳宇宙很早就开始出现裂缝。公元5世纪时的学者和圣人、希波的奥古斯丁（Augustine of Hippo），就是第一批攻击古老哲学的人之一。

在亚里士多德关于运动的起始来自第一推动者的思想中，奥古斯丁发现了一个问题。对奥古斯丁来说，这个思想本身并不会造成什么困扰，问题出在细节方面。亚里士多德的第一推动者，转动透明球体的最外层，致使宇宙中万物运动，如宇宙中行星的永恒旋转，或一块燃烧着的布片上火焰的摇曳。因此，古代哲学家认为，如果上帝决定让天的运动停止，那么地球上的所有运动和时间本身的流逝也应该停止。瀑布的水应该突然停止流动，飞行中的鸟应该一动不动地悬停在半空。由于上帝不是很频繁地让天的运动停止，所以这种理论似乎不会受到检验。然而，实际上，它却受到了检验，并且是以一种中世纪式的方式受到检验的。上帝的确曾经让天的运行停止过一次，至少根据《圣经》的记载是如此。而《圣经》所述的历史与亚里士多德的预测并不吻合。

《约书亚记》(*Book of Joshua*) 第 10 章在讲述以色列人和迦南地居民之间的战争时说："于是日头停留，月亮止住，直等国民向敌人报仇。"以色列人兴高采烈地攻击和残杀，即使日月等天体的运行已戛然而止。《圣经》的这段记载与亚里士多德的理论格格不入，根据他的理论，以色列人应该像太阳和月亮一样静止不动。

奥古斯丁意识到《圣经》和希腊哲学之间的矛盾，他认为，时间的推移独立于天体的运动；即使太阳和月亮在天上静止不动，转盘仍会一如既往地旋转不停。如果亚里士多德哲学与《圣经》发生冲突，那么亚里士多德就要让路。

亚里士多德与《圣经》之间的摩擦是避免不了的。《圣经》基于东方哲学，而中世纪宇宙学则是建立在亚里士多德及其后继者的西方哲学基础之上的。这两种文化对于宇宙如何运转的看法大相径庭，然而，这两者却被迫在教会的神学范畴内不自然地结合在一起。这种内在的矛盾导致了持续好几个世纪的冲突，并且在 13 世纪达到顶峰。

神学家认为，根据奥古斯丁的传统说法，一个万能的神能够做任何他想做的事情；只要他愿意，他就能停止行星的运动，并保持时间的流动。他能够创造虚无或真空，而这种行为在亚里士多德哲学中是绝对禁止的。(这种对于虚无的深恶痛绝，迫使亚里士多德派学者作出了一个十分荒谬的结论，一切运动须为圆周运动——不可能有直线运动。运动物体做直线运动会在其后方造成真空；另一方面，随着圆周运动，一切物体都能在不造成真空的情况下轻易地调换位置。）然而，亚里士多德的这种无真空声明，直接冲击了《圣经》。《创世记》

说，宇宙来自虚无，而亚里士多德则认为虚无的概念荒谬透顶。亚里士多德的规则是给神上了一副枷锁，而这个神神通广大，不允许有任何枷锁。因此，某些神职人员得出结论，亚里士多德肯定错了。13 世纪上半叶，一位红衣主教取缔了亚里士多德的著作《形而上学》（*Metaphysics*），还有他的《物理学》（*Physics*）。此后不久，1277 年，巴黎主教汤皮厄（Étienne Tempier）召开了宗教事务委员会议，驳斥了亚里士多德宇宙学的论点，如“神不能够沿直线挪动天，因为那样会在身后留下一个真空”，等等。汤皮厄认为，如果神想沿直线挪动天，又有谁能阻止他呢？亚里士多德当然阻止不了。宗教事务委员会议谴责了那些使希腊哲学信徒走上异端邪说的“错误”。

亲亚里士多德的阵营，尤其是生于贵族家庭的修士阿奎那（Thomas Aquinas）予以了回击。阿奎那认为，古人的哲学无论是在审美方面还是神学方面，都使人赏心悦目。他主张把亚里士多德的宇宙学更进一步地融入教会的神学中。阿奎那卒于 1274 年，他生前长年严肃地研究诸如“针尖上能容纳几个天使跳舞”等问题。[1]3 年后，他的部分言论受到汤皮厄的抨击，说那是异端言论。然而，1323 年，阿奎那的地位得到了提升。由于“圣徒”阿奎那不可能是一个异教徒，因此汤皮厄的指控也就不了了之了。然而，亚里士多德在教会中的作用问题，远远没有解决。这场争斗反反复复地进行着。曾经有过一个时期，就连那些身居教会要职的人物，也表示赞成激进的反亚里士多德思想。

15 世纪，红衣主教库萨的尼古拉（Nicholas of Cusa）认为，天上发光的星星就像我们自己的太阳；也许苍穹中的每一个发光点，都是一个遥远的太阳系，拥有自己的异域地球，也许那些异域地球也有自己的月亮。这就是直接向亚里士多德叫板，对“宇宙中每种元素都有其自然位置”这一思想本身提出了质疑。在亚里士多德的宇宙学说中，地球必须是独一无二的，因为它是最重的元素——土——唯一的所在之处。一切重物，如石头、山羊、树木和人等，都应该沉到宇宙的中心，都只能被土元素所形成的我们脚下的大地托在上面。只有那些由较轻元素组成的东西，如气和火，才能飘浮在天空中。因此，在亚里士多德的宇宙学说中，有其他地球存在的想法本身就很荒谬。天空中任何尘土都会即刻倾泻在人们头上，因为按照这种宇宙学说，地球的自然位置就在宇宙中心。而库萨的尼古拉却说，其他世界——碎石和土壤——飘浮在天上。对于任何一个亚里士多德派的人来说，这都是荒谬透顶的理论。

库萨的尼古拉还有话。他毫不掩饰地说，所有这些异域世界都有居民。宇宙中有无限个世界，布满了无数异域生物。或许，那些异类在夜晚凝视天空，看着一个发光点（即我们的地球），它们在想，那个闪闪发光的小点是不是也栖息着生命呢？如果是这样，梵蒂冈怎么就能成为独一真教会的所在地呢？如果异域生物从未听说过罗马，它们怎么会服从教皇呢？库萨的尼古拉的信条非常不利于教会，不过并没有引起注意。甚至在 1543 年一位波兰教士哥白尼（Nicolaus Copernicus）为库萨的尼古拉的大胆言论——地球不是宇宙的中心——提供了科学依据之后，也没有引起注意。当时教会并没有意识到，第一次宇宙学革命已经开始。

如果科学革命发生在一个大体上缺乏精神蕴含的领域，如植物学或者化学，那么科学就永远不会与教会发生冲突。然而，科学家却冒险进入了宇宙学领域，这个领域在传统上属于神学家和哲学家，而不属于科学家，因而它是一个异常敏感的领域。[2]科学方法，摈弃了千年之久的传统，同时也充满了艰难险阻。当科学家从上天那里而不是从古人的著作中寻求答案的时候，他们就一步踏入了雷池。在教会眼中，最大的冒犯莫过于最早的科学宇宙学家所说的，是观测和计算，而不是神的启示，揭示了宇宙的运行。科学家对基督徒羊群的放牧者们构成了直接威胁。但是天意弄人，打响第一次宇宙学革命第一枪的哥白尼，恰恰是一位神职人员。

哥白尼的职业不是天文学家，而是医生。当时的医生必须熟谙星相学，才能更好地推断出病症，使身体状况恢复得更好。（中世纪医学是古希腊智慧的另一个世传。）然而，当哥白尼利用托勒玫的规律来制作自己的星相表时发现，托勒玫的宇宙好像很复杂，非常不方便，很不令人满意。这位技术精湛的医生花了很多时间，想为行星运行找出一个清楚而简洁的解释。

这项工作很艰难。托勒玫体系为了解释水星、金星、火星、木星和土星这五大已知行星复杂的往返运动，做了很了不起的工作。宇宙有条不紊的运行似乎本来就很复杂。任何遵循亚里士多德那种要求地球位于宇宙中心的物理定律体系，都必须要用一堆拜占庭式的圆中圆来使它运转。

哥白尼想出了一个根本的解决办法。最终他意识到，托勒玫体系极为复杂的原因是，它把地球塞进宇宙的中心，而地球并不属于那个地方。如果把太阳放到中心，再让其他行星围绕太阳（而不是地球）运行，就能减少行星桀骜不驯的旋转（本轮的数量），从大约 80 个减少到大约 30 个。哥白尼的日心体系简洁明了，但并不完美。实际上，托勒玫式的地心说体系，在预测行星运行方面倒是更准确些。如果当初科学家们一定要选择一个只以预测结果的品质为基准的体系的话，他们一定会选择托勒玫体系，即使这个古希腊的宇宙运转体系比

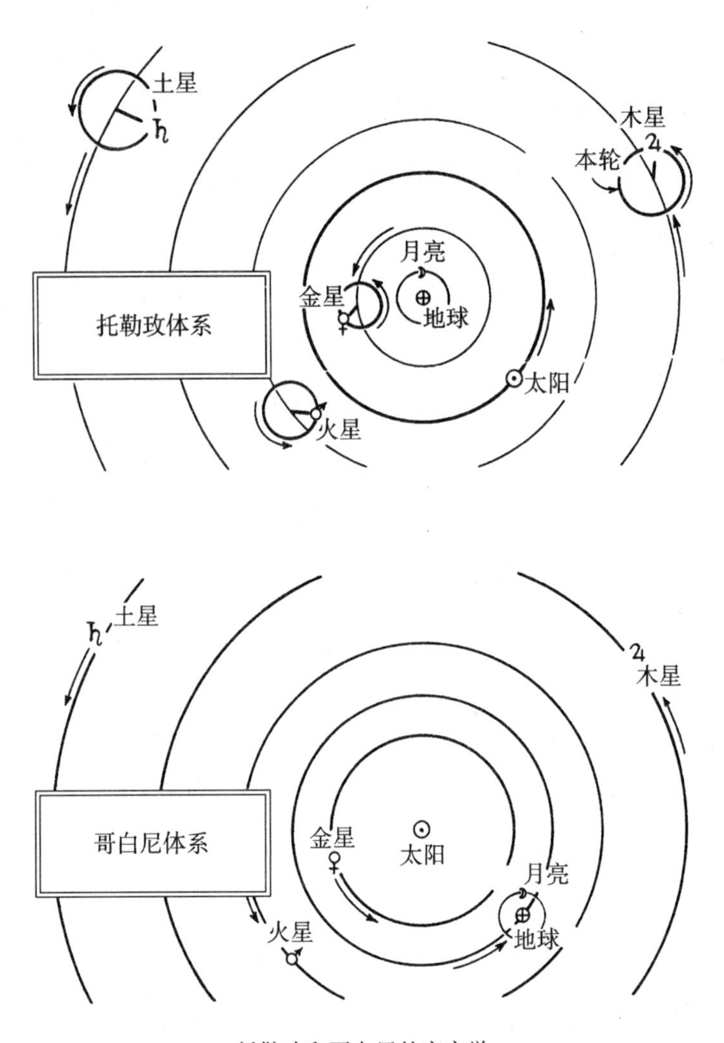

托勒玫和哥白尼的宇宙学

那个波兰医生的体系复杂得多。

尽管如此，哥白尼体系仍然是即将来临的暴风雨的第一声轰鸣。哥白尼把太阳而不是地球放在了宇宙中心，动摇了亚里士多德宇宙学的基础，正如库萨的尼古拉曾经做的那样。在哥白尼的宇宙中，地球也像所有其他行星一样，是在天上；如果地球飘浮在天上，那么土和水沉到宇宙中心的想法就不对了。也许，甚至连库萨的尼古拉那种异想天开的想法也是正确的，天空中的每一颗恒星都是异域世界的家园。然而，在哥白尼时代，日心说体系尚未完备，而且教会尚未发现日心说体系构成威胁的蛛丝马迹。事实上，在哥白尼于1543年发表《天体运行论》（*On the Revolutions of the Heavenly Spheres*）时，他将这部著作献给了教皇保罗三世（Paul III）。哥白尼是个谨小慎微的人，他对公布自己的著作很慎重，直到临终时才发表。

哥白尼临终时，另一场动荡——神学方面的动荡——早已开始。1517年，路德（Martin Luther）把《九十五条论纲》钉在维滕贝格城堡教堂的大门上。正当越来越多的人对教会的腐败深恶痛绝的时候，他的铁锤所敲出的声音，回荡在众多基督教徒心中，人们纷纷放弃效忠教皇。宗教改革开始了，并迅速发展起来。为了应对这一局面，教会培养了一批知识分子教士骨干，组成耶稣会，耶稣会信徒成为教会对新教展开大战的理想的地面部队。耶稣会神学理论非常依赖亚里士多德思想，古希腊智慧被用于解释天空中星球的运动，解释在圣礼仪式中面包如何变成基督的身体。亚里士多德成了教会智识军火库中一件强有力的武器。攻击亚里士多德就等于向《圣经》的言论挑战，等于向圣餐礼的神圣性挑战。

受到攻击的教会，越来越不能容忍对亚里士多德的不敬。不过直至半个多世纪以后，教会才开始禁止哥白尼的思想。[路德先于天主教会看出了问题，并急不可待地指责哥白尼沽名钓誉。他写道："人们在倾听这个自命不凡的星相家说些什么，他不遗余力地表明，是地球（而不是天或苍穹，太阳或月亮）在旋转。""这个傻瓜希望彻底颠覆整个星相学；但是《圣经》告诉我们，约书亚命令太阳静止不动，而不是地球静止不动。" 那个关于约书亚的段落，带来了无休止的麻烦。]

随着宗教改革的发展，教会对待批评者越发严酷起来，包括那些从事日心说宇宙学研究的人。布鲁诺（Giordano Bruno）领教了这种残酷的磨难。1600年2月17日，布鲁诺在经受了长期的铁窗监禁之后，被教会送上了火刑台，理由是他有异端思想。布鲁诺信奉哥白尼的太阳系日心说模型，而且像库萨的尼古拉一样，认为地球只不过是无数个世界中的一个而已。

没有人知道布鲁诺的宇宙学在对他的定罪中起了什么作用。布鲁诺受审的纪录过去掌握在罗马宗教裁判所手中，如今已从历史上消失了。他被处以火刑，究竟是因为自己的宇宙学说，还是因为他个人的行为，或是二者兼而有之，已无从知晓。教会镇压异端的手段日益残酷，即使在一个少了鼻子的贵族（家中还有个宠幸的侏儒）、德国星相学家兼数学家把哥白尼体系变得像钟表一样精确之后，依然如此。

贵族第谷·布拉赫（Tycho Brahe）是一个享乐型丹麦人。他生于1546年，热衷于美食。（他于半个世纪后死于暴饮暴食。）为了取乐，第谷收留了一个侏儒，饲以残羹冷炙。然而，和他的外表相比，这还不算稀奇。第谷在一次决斗中丢掉了大半个鼻子——看来他做一名天文学家比当个剑客更称职些——其后他便装了个银色的假鼻子。然而，就是这个戏剧性的人物，对亚里士多德的完美宇宙不断地给予重击。

1572年11月的一个寒冷夜晚，第谷在仙后座发现一颗新出现的星星。现在我们知道他看到的是一颗超新星，一颗濒死的恒星那壮观的死亡阵痛。但是对第谷来说，那是一个惊人的悖论。亚里士多德的宇宙应该是完美的、不容改变的，可是它就在自己的眼皮底下发生了变化。在一年左右的时间里，第谷掌握了足够的资料，表明这颗新出现的星星非常遥远，比月亮离得还远，很清楚，那不是大气现象。这颗新出现的星星，这种不完美，却是所谓不变宇宙的一部分。

接着，第谷建立了当时最好的天文台，即天堡，就设在离哥本哈根海岸不远的地方。这是一项浩大工程，所用的六分仪、象限仪以及其他仪器（当时尚未发明望远镜），花费了丹麦政府约 1/3 的国库收入。一切都物有所值。1577 年，第谷指出，彗星（那些不规则的、有时会出现在天空中的模糊天体）比月亮离得还远。因此，它们是天体，而不是大气中发光的云。他还发现月亮绕地球转动的速度略微出现周期性变化。宇宙变幻无常，并不完美，这一点再清楚不过了。

然而，第谷留下的传家宝，来自他的观测。1600 年，他说服了一位年轻的星相学家兼数学家开普勒（Johannes Kepler），作为他的助手在布拉格参与他的研究工作。（第谷在与丹麦国王发生争吵之后离开了天堡。）开普勒利用第谷的资料进行研究，发现行星并不是以正圆形轨道运动的。

与第谷不同，开普勒相信哥白尼的日心理论，这是他在学期间从数学导师那里学来的。即使日心说宇宙不如古代托勒玫的地心说宇宙精确，但开普勒还是被日心说宇宙的简约性所吸引。1609 年，开普勒宣称行星以椭圆形轨道而不是圆形轨道运动，从而修补了日心说的缺憾。经过多年的不懈努力，开普勒打破了托勒玫和哥白尼提出的圆形宇宙。于是，一切都有了头绪，日心说宇宙从所有抑制它的哲学成见中被解放出来，它更好地解释了行星运动，比托勒玫体系更精确。日心说比地心说更简洁、更准确、更细致，它敲响了托勒玫和亚里士多德理论的丧钟，同时也敲响了支持教会神学的宇宙学说的丧钟。

教会终于完全清醒了，明白了这个新哲学带来的危险。每个威胁到亚里士多德体系的人都处在生死关头，就连教皇乌尔班八世

(Urban VIII) 的朋友伽利略，也面临被处以火刑的危险。1609 年，也就是开普勒发表他的《新天文学》(*New Astronomy*) 的同一年，伽利略听说另位荷兰透镜制造商利伯希 (Hans Lippershey) 发明了一种仪器，能使远处物体显得更近。伽利略立即自制了一台这种新仪器——这就是望远镜——并开始用它观测天空。和从前的第谷一样，伽利略在观测到的每个地方都找到了证据，表明亚里士多德的宇宙学说是错误的。他的发现，系统地摧毁了亚里士多德式宇宙留下来的东西。

当伽利略观测月亮的时候，他看见了山脉和火山口。亚里士多德曾说，天体是由比地球更纯的物质组成的，而月亮却坑坑洼洼、凹凸不平，就像我们自己星球上的悬崖峭壁地区一样。当他观测太阳时，他看到了上面有暗斑（即太阳黑子），这表明这个天体也不是完美的。伽利略把望远镜转向木星，他发现有 4 个天体围绕着这个巨大的星球运转。这无可辩驳地表明，并非一切都围绕着地球运转。如果说这些遥远的“月亮”环绕木星运行，而对地球不予理睬，那么很难想象地球真的是宇宙的中心了。再看一看金星，伽利略注意到这个行星在运行中经历了不同的“相”，即像月亮一样有盈有亏。这一点已经由哥白尼体系预测过（其实，哥白尼已经意识到，没有看到相，是其理论的一个问题），但是，用亚里士多德和托勒玫的宇宙学说，则几乎不可能予以解释。

望远镜是第一次宇宙学革命中的重炮，伽利略对它运用自如，从而击破了亚里士多德的一个又一个牵强附会的理论。伽利略的观测使他自己坚信，亚里士多德错了，哥白尼是正确的。但是很不幸，所有这些都使他的科学研究变成了一个宗教问题。

1613 年，伽利略给他的一位身为教士的学生写信说，如果《圣经》与科学家对自然界运行的观测发生矛盾，那么《圣经》中的解释肯定是弄错了。对伽利略来说，科学比神学强大；如果两者有矛盾，那么神学必须让步。这就是异端邪说。在教会看来，伽利略想重塑基督教神学，想用一种新的未经证明的学说来替代亚里士多德哲学在神学中的核心位置。伽利略不是圣徒阿奎那——他没有权力对教会的神学观说三道四。眼看着伽利略就要成异教徒了。

1616年，罗马宗教裁判所首脑、红衣主教贝拉尔明，在办公处召见了伽利略。主教警告伽利略说，哥白尼学说是异端邪说。此外，出于某方面的原因，他告诫伽利略不要“维护或者坚持”哥白尼理论。因为教会正在越来越残酷地迫害异教徒，所以伽利略很认真地对待了这次警告。1624年12月21日，在贝拉尔明死后3年，一群人聚集在罗马，观看一场用已经死掉3个月的异教徒的尸首作为祭品的仪式。即使已经死去的人也不能逃脱卫道的烈火。

尽管危险与日俱增，作为科学家，伽利略却无法离开新宇宙学，这既是伽利略本人的不幸，也是后人的幸运。通过亲身观测，伽利略沉迷于新宇宙学，他继续为宇宙的新科学笔耕不辍。1633年，宗教裁判所判决伽利略为异教徒。

判词说：“我们宣判，你，伽利略……[已]相信并坚持该理论，这个理论是虚假的，与《圣经》相矛盾。这个理论宣称，太阳是世界的中心，不是太阳从东运行到西，而是地球在运动，地球不是世界的中心；这个理论宣称，在一种观点被公之于众并被界定为与《圣经》相矛盾之后，它仍可以得到坚持和辩解。”换句话说，伽利略声称，科学能够迫使神学家改变观点，而神学却不能够迫使科学家改变观点。当时，认罪并悔改的异教徒能够保全性命；而那些坚持己见的人都被处以火刑。伽利略慎重地认了错，进了监狱，没有被烧死。算是帮自己老朋友一个忙，教皇乌尔班八世允许伽利略终身软禁在自己家中，而不必在梵蒂冈阴湿的牢狱里度过余生。

教会的罪恶行径证据确凿。教会给一个无辜的人定了罪。教会惩罚伽利略，就是因为这场革命摧毁了它顽固不化的宇宙学说。然而，在此后几个世纪中，教会一直坚持自己的立场。1930 年，教皇庇护十一世（Pius XI）封贝拉尔明为圣者。

即使在今天，天主教教会仍然挣扎在它的历史中，没有多少改观。1992 年，教皇保罗二世（John Paul II）对以伽利略事件为代表的“所谓的教会拒绝科学进步的……奇谈”表示遗憾，即使那只是伽利略与教会之间的一件“悲剧性的相互间缺乏理解”的事件。犯了错误，梵蒂冈却说犯错误的不只是教会。红衣主教普帕尔（Paul Poupard）为那些审判者辩护说，伽利略的论点并非无懈可击。他在 1992 年说：“实际上，伽利略没有无可辩驳地、成功地证明……地球的运动。”“找到地球运动的光学和力学证据又用了 150 多年的时间。”因此，梵蒂冈认为，伽利略也有错，他没有提供充分的证据。

教会犯了错，这是一清二楚的。它死守着一个注定要失败的宇宙学说不放。伽利略是正确的，而亚里士多德是错误的。在牛顿（Isaac Newton）用公式表示运动定律和引力定律后，数学家和物理学家以此推导出了开普勒定律，甚至太阳系的运动也能从两个简单的方程式中推导出来。把行星和太阳的质量代入公式，依据它们某个初始位置和速度，就能非常准确地计算出任何一颗特定行星未来某日在天空中所处的位置。

虽然罗马宗教裁判所对伽利略的裁决得逞，但是第一次宇宙学革命还是动摇了哲学和神学近 2000 年的统治地位，并代之以科学。当科学与神学发生矛盾时，神学不得已必须发生变化，教会也只能徒呼奈何。1822年，天主教教会终于把哥白尼的《天体运行论》、开普勒的《新天文学》和伽利略的《关于两大世界体系的对话》（*Dialogue Concerning the Two Chief Systems of the World*）从禁书目录上划掉。教会接受了新宇宙学，这个新宇宙学粉碎了果壳宇宙；实际上，教士们也开始探索新宇宙，后来还建立了他们自己的天文台。

耶稣会的信徒管理着梵蒂冈天文台，他们现在接受了教会和他们自己曾经反对过的东西：科学方法。当现任梵蒂冈天文台台长科因（George Coyne）神父看见我正在仔细观看梵蒂冈墙上的伽利略和贝拉尔明的画像时，他走过来指给我看同一面墙上的第三幅画像，画中人也有月桂枝环绕，头顶上也有两把通往天堂的钥匙。那是红衣主教巴罗尼欧（Baronius），伽利略曾把他的名句"《圣经》教导人如何上天堂，而不是天堂如何运作"用在自己的辩护词中，但没有起到作用。

第三章
第二次宇宙学革命：哈勃和宇宙大爆炸

宇宙，一直像过去观测到的那样，是一个风云变幻的广袤之地。为了过上平静的生活，大多数人往往都不去想这一点。不少人会兴高采烈地搬到属于自己的“小”地方，其实，大多数人都是这样。

——亚当斯（Douglas Adams），

《银河系漫游指南》（*The Hitchhiker's Guide to the Galaxy*）

哥白尼、开普勒和伽利略所描述的新宇宙，比亚里士多德所描述的宇宙广袤得多，也可怕得多。地球不再是宇宙的中心。地球是众多世界中的一个，在每一个异域世界，也许都住满了暴眼外星怪物。然而，用现代标准来衡量，伽利略的宇宙其实非常小。

伽利略之后3个世纪，发生了第二次宇宙学革命，这次革命迫使科学家接受了一个事实：宇宙之大令人瞠目结舌。面对20世纪20年代一批新的观测结果，宇宙学家只得承认，自己的那个老的“宇宙”模型，只包括了整个宇宙中千千万万个星系中的一小部分星体而已。与宇宙空间的浩瀚广袤相比，我们自己的星球是多么渺小。认识到这一点，不免令人心存不安。[1]

地球、太阳以至银河系是那么渺小，而宇宙是那么广大。不过，第二次宇宙学革命最震撼人心的那些东西，还不是宇宙的尺度。在宇宙学家弄明白了宇宙到底有多大的同时，他们也认识到宇宙的反复无常。宇宙不是永恒的，不是一成不变的，宇宙是有限的。宇宙有诞生，也会死亡。

第二次宇宙学革命迫使科学家面对宇宙的生与死。这个想法使人感到十分不舒服，进而有些科学家忙着去寻找把宇宙从死亡中解救出来的办法。就连严谨的爱因斯坦（Albert Einstein），也担心自己会因不遗余力地想方设法阻止宇宙将会来临的死亡，而“被关进精神病院”。爱因斯坦冒此之险是因为他知道，第二次宇宙学革命将会迫使天文学家直接面对天地万物创生的问题。

第一次宇宙学革命，那场动摇了亚里士多德美好的、小小的果壳宇宙的革命，带给科学家一个强大的宇宙新理论。那个新理论伴随着一件新的天文工具——望远镜。没有这个带有透镜的小小长筒的帮助，伽利略永远也不会看到宇宙的不完美。在伽利略死后，天文学家不断地提高望远镜的倍数，改进其质量。但直至300年后，望远镜才成为足够有力的工具，再一次点燃了智识的野火。

当然，这300年的时间没有白白流逝。物理学和天文学活跃起来，改变了关于宇宙运行的科学观念。牛顿和亚里士多德认为，光的传播是瞬间的——光从太阳或其他恒星传播到地球，不需要时间。1671 年，丹麦天文学家罗默（Ole Rømer）指出，牛顿是错误的。光是以有限的速度传播的，这是在罗默用牛顿定律计算木卫一的轨道时发现的。木卫一是木星的卫星之一，罗默在绘制天空中这个模糊不清的小点的运行图时发现，他观测到的轨道位置有一点偏离，而且，偏离的大小取决于地球离木星有多远。罗默发现，理论与观测之间的差异不是因为不正确的理论造成的，而是因为光需要用若干分钟穿越天体之间遥远的距离所致。[2]

伽利略之后的 300 年，是一个探索的时代。和地球的测量人员忙碌地测量陆地的面积一样，天文学家也在设法测量行星和恒星之间的距离。不过，与以地球为目标的地理学家不同，天文学家不可能跑到木星上去建一个观测中转站来测量准确的距离，他们必须依赖一类不同的工具来绘制天体图。多年来，天体观测者工具箱里最有用的工具就是**视差**（parallax）。

对视差的理解一开始可能不太容易，但是实际上它就在你的眼皮底下。想要看到视差的效果，只要对着远处的一个物体，把食指放在靠近鼻尖的位置就行。先闭左眼而睁右眼，然后换过来，闭右眼而睁左眼。再换一次，再换一次。你应该看到食指在相距 1 英寸（约 2.54 厘米）左右的位置来回移动。现在，让食指离开鼻子远一些，大概一臂之遥。当你轮换闭眼时，就会发现食指好像移动得少了一些。手指离开眼睛越远，手指来回移动得就越少。这就是所谓的视差。

视差之所以起作用是因为我们两眼之间有一小段距离。这就是说，每一只眼睛看这个世界，都有一个略微不同的影像。一般说来，两只眼睛看物体的相对位置是一致的，例如对遥远背景的事物就是这样。不过，每一只眼睛的视角有细微的差别，一个物体离自己的面部越近，那些差别就越大。例如，当右眼看到靠近鼻尖的一根手指时，它感觉手指在它视野的最左边；而从左眼的角度看，手指在视野的最右边。当你交替闭上左眼或右眼，就能在一个视角与另一个视角之间转换。相对于背景来说，手指在跳动，因为对于手指是在最左边还是在最右边，两只眼睛看到的不一致。

一般说来，让自己大脑的一部分与另一部分不一致，这样并不好。但是在这个例子中，我们的大脑却可以利用这种不一致。通过比较那些影像不一致性的程度，可以估计出手指离得有多远。影像彼此相差越大，手指肯定离得越近。当我们让手指离得越来越远时，两个影像也越来越一致，最后，大脑就无法分辨了。然而，对于相对较近的物体来说，从彼此相隔一定距离的两个角度看到的两个影像，能够显示出一个物体离开多远。

视差对天文学也有用处。天文学家只要在相隔一定距离的地方进行两次观测（由于地球围绕太阳公转，等上 6 个月，就会自动处在太阳系另一端一个不同的有利观测点上），就能够计算出距离一个天体有多远。19 世纪早期，数学家和天文学家贝塞尔（Friedrich Bessel）首次利用视差，测量了地球与天鹅座 61 的距离（大约 10 光年）。

可惜，贝塞尔及其后继者无法把视差用在宇宙的大多数天体的测距上。与恒星之间的距离相比，地球的轨道太小，所以天文学家只能把这种方法用于离我们最近的天体。不过，他们已经开始绘制出我们天上的邻居的分布图，计算出我们离这些行星、太阳以及附近几百颗恒星的距离。他们还发现，天空中的光带（即银河），是一个由众多恒星组成的巨大的盘状物。科学家甚至还十分清楚地知道地球在这个盘上的位置。然而，他们还是不能计算出地球离天空中那些神秘的发

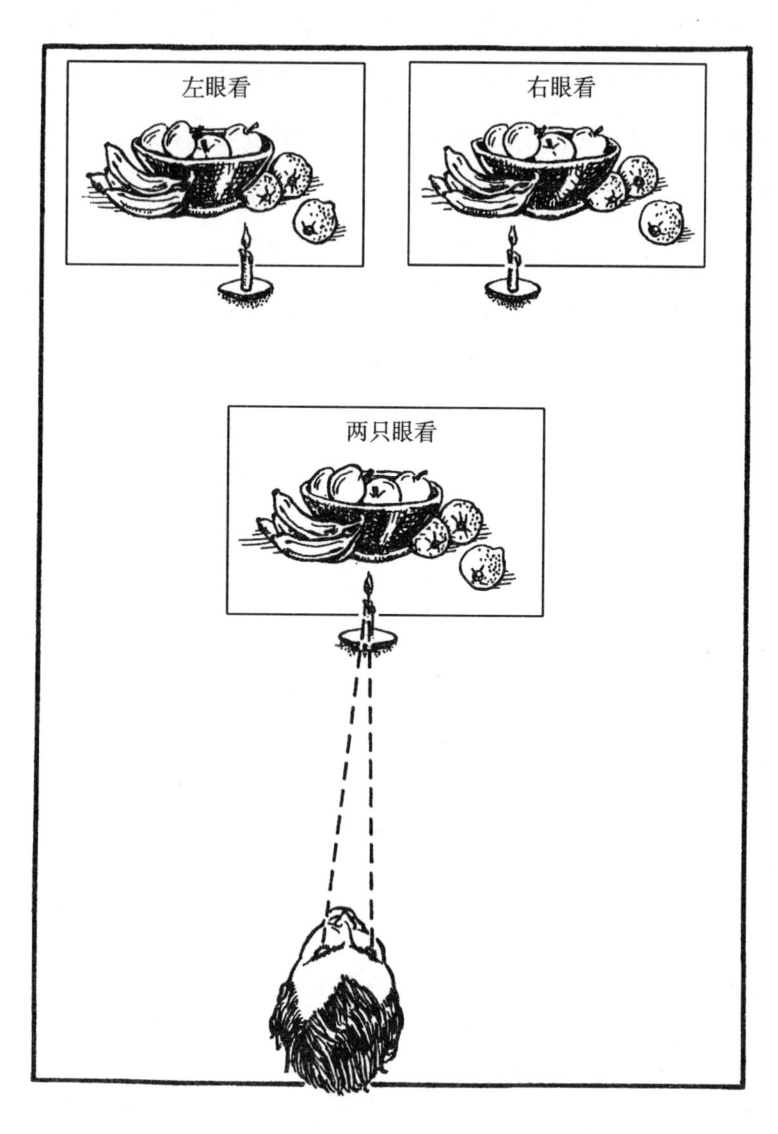

视差

光“星云”有多远。

在法国大革命之前，天文学家兼彗星追踪者梅西叶（Charles Messier）制作了一张表，列出了天空中一些很容易被误认为是彗星的模糊天体。对梅西叶来说，这些发光的云状物、明亮的旋涡状物以及

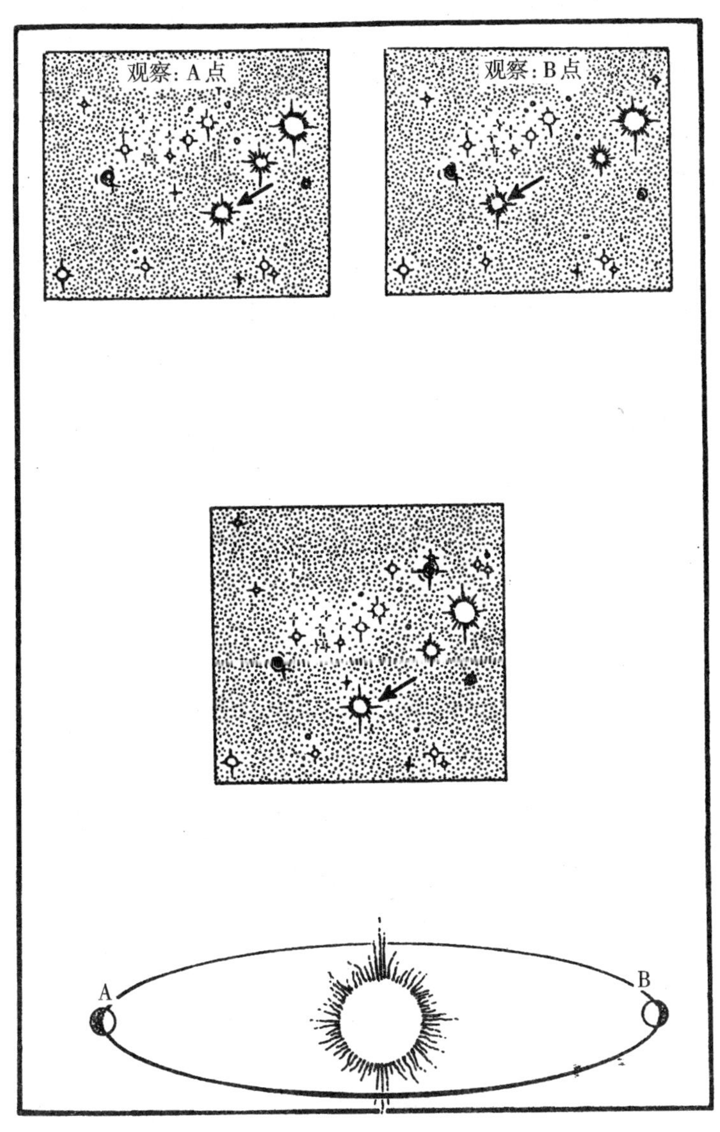

天文学中的视差

其他云状天体的列表，只不过是一种可以帮助自己更容易地找到彗星的手段而已。然而， 对于其他天文学家来说，这些梅西叶的天体以及另一些天文学家发现的类似星云，成了一个模糊的谜团。这些神秘的云状物是什么呢？它们是近处的发光气团，还是遥远的恒星集群？

天文学家们争论不休，科学杂志也刊登了大量相关文章，却不能得出任何结论。他们没有办法测量与那些星云的距离——只用视差法根本无法对那么遥远的距离进行测量——因此争论也就不了了之。1920 年 4 月 26 日晚，在华盛顿特区的美国科学院大楼里，当天文学家沙普利（Harlow Shapley）和柯蒂斯（Heber Curtis）摆出要大干一场的架式时，这场争论达到了高潮。沙普利认为，星云就是附近的气体云，柯蒂斯则说那是远处的星系，像银河系一样的星系。然而，这场“大辩论”如人们所知，远远不只是一场关于那是不是气体云的争论，实际上它是一场关于宇宙尺度的争论。

沙普利的宇宙与开普勒的宇宙有着小小的差别。地球，这个不起眼的物质块，围绕着自己的太阳运转。这个太阳是银河系的一部分，而这个银河系则包含了整个已知宇宙。沙普利的宇宙中的一切全都在一个恒星组成的扁盘上，我们自己也在其中。虽然这种宇宙观比亚里士多德的果壳式宇宙广阔得多，但这种宇宙仍然相对比较小，不过几万光年大小。而柯蒂斯的宇宙，则比沙普利的宇宙大得多。银河系不再是包含整个已知的宇宙，在成千上万类似的恒星旋涡中，银河系也只不过像一个发光的风车而已。宇宙充满了无数个银河系，每个银河系都像我们自己的星系一样壮观。柯蒂斯的宇宙有几百万甚至几十亿光年的大小，也许是无限的。

然而，在某种意义上，沙普利与柯蒂斯之争几乎就像天使与针尖之争一样没有意义。1920 年，他们两人谁都没有掌握解决这个问题的工具，谁都不知道有什么办法可以测量那些神秘星云究竟有多远。辩论结束了，听众陆续走出大厅，没有人知道究竟是哪一方取胜。两个人都可能对：宇宙可能很广袤，但也可能是一个相对比较小一点的恒星团。20 世纪 20 年代末，一位名叫哈勃（Edwin Hubble）的年轻天文学家，将彻底解决这个问题。在美国加利福尼亚州帕萨迪纳附近的威尔逊山天文台，哈勃用一架巨大的望远镜，为宇宙学掀起了两场风暴。哈勃的发现迫使科学工作者努力理解宇宙的无限，也迫使他们去关注宇宙生成的那一刻本身。哈勃即将开创第二次宇宙学革命，吹走舒适小宇宙的想法。

要开始这场革命，哈勃需要一件武器。1917 年 7 月 1 日，这件武器的核心部件送达威尔逊山顶上。那是一块巨大的平板玻璃反射镜面，直径 100 英寸（约 2.5 米）。这块重达 4 吨半的反射镜面，即将成为世界上最大的望远镜的核心。

望远镜就像人的眼睛一样，是收集光的仪器。当我们仰望夜空，看到天上一颗遥远的恒星眨眼时，我们的眼睛就会告诉大脑，说已经从那颗星星上收集到了一部分光子。眼球的晶状体使那些光子弯曲，这样，光子就触击到视网膜——眼球后面能够检测光的那个表层——接下来，视网膜送出一个信号，大脑收到后将其解释为一个“发光点”。和所有仪器一样，眼睛也不是完美的。我们看不见天空中所有的星星，甚至看不见绝大多数的星星。我们的眼睛不够灵敏。视网膜不能发现每一个触击它的光子；进入眼睛的光，很大一部分都被视网膜漏掉了。因此，如果只用肉眼观测，那么观测者就看不见那些较暗的星星，看不见那些没有从天上发射出很多光子的星星。然而，使用望远镜就可以把更多的光汲取到眼睛里，看见更多的星星。

当伽利略把望远镜对准天空时，他那个装了好几个透镜的望远镜镜筒里聚集了来自一小片天空中的大量的光，这些光都集中到了他的视网膜上。当他观测木星时，望远镜为他捕捉到足够的光，使他看见 4 个微小的光斑围绕着这颗巨大的行星。当他把望远镜对准太阳时，他的视网膜上聚集了过量的光，这些光毁坏了他的视网膜——最后他失明了。随着工程师制造的透镜和镜面越来越大，天文学家的望远镜变成了越来越强大的光线收集器，天文学家看到的天体的情况也就越来越细微。例如，1763年，梅西叶发现天上的一个模糊斑点，他给这个斑点分配了一个数字，13。他的日记上说，这“一片连一颗星都没有的云状物，是在武仙座的腰带处发现的；它呈圆形，而且十分明亮，中心比边缘更明亮”。梅西叶使用直径8英寸（约20厘米）的望远镜看到，M13是没有任何单独斑点的发光云，正是由于这个原因，他将这片星云描述成无星的云状物。但是到1833年，英国天文学家赫歇尔（John Herschel）把它描述为“非常富有的”星团，“其中必有数千颗星”。赫歇尔用倍数更大的望远镜看到，梅西叶的“无星”模糊斑点其实是一个具有成千上万颗恒星的星群，星点之小是梅西叶的“袖珍”望远镜无法看清楚的。望远镜越大，天文学家对天体了解得就越多。[3]

第一次世界大战结束时，威尔逊山上的这个直径100英寸的反射镜面，是世界上最好的聚光仪器。1919年，年轻的哈勃加入了威尔逊山天文台，正是他揭开了模糊星云有多远这个谜。由于它们的遥远距离使视差不起作用，所以这个问题不容易回答。幸运的是，还有另外一种方法。

设想一下，我们要设法判断自己离某座方尖碑有多远。所有的方尖碑看起来都很像，不论是相对比较小的方尖碑（如伦敦的克娄巴特拉方尖碑），还是巨大的方尖碑（如华盛顿纪念碑）。如果有人给我们一张远处方尖碑的照片，我们可能没有任何尺度感，不知道这个方尖碑是大还是小，也不知道拍摄者拍照时离方尖碑是远还是近。然而，如果照片中有一个人站在方尖碑旁边，那么我们就能够计算出来。由于人的高矮大致相同，所以照片中的人可以帮助我们估计出方尖碑的大小，以及拍摄者拍照时离它有多远。和方尖碑相比，如果照片上的人极小，则说明方尖碑肯定非常大，离得也远；如果照片上的人比较大，那么方尖碑一定比较小，而且离得近。我们的大脑会很自然地利用照片上的人，利用这个已知尺寸作为度量标准，来测量方尖碑的高度和拍摄者离它的距离。用天文学名词来说，照片上的人就是一种**标准尺度**。

如果哈勃在其中的一片神秘星云中找到一个标准尺度，那么他就能够计算出该星云有多远。可惜他没有找到。（标准尺度近来在宇宙学中变得重要起来，但是20世纪20年代的天文学家并不知道天文距离上任何可见天体的尺度。）然而，哈勃掌握着某种同样有用的东西：标准烛光。标准尺度指的是已知尺度的天体，而标准烛光指的是已知亮度的天体，可以借助它们以类似的方法判断距离。（人的大脑对亮度的判断不如对尺度的判断准确，因此，在实际生活中，我们很少使用标准烛光。不过，通过使用感光片，或者某种功能相同的电子仪器，天文学家已经把标准烛光变成了一种灵敏度非常高的技术。）

如果我们给某人一只手电筒，让他离开，当这个人慢慢走远时，手电筒的光就变得越来越暗。也就是说，只要知道手电筒光束的亮度，我们就能估计出这个人走出多远：光越暗，走得就越远。因此，如果一个人站在方尖碑旁，用手电筒照射出已知亮度的光，我们就有了第二种判断方尖碑距离的方法。这就是**标准烛光**。

在哈勃那个时代，天文学家在一类叫做造父变星的恒星中，找到了一种标准烛光。造父变星有一种特性，它会变暗，再变亮，然后又变暗；它胀大，然后缩小，再胀大，形成一种永无止境的循环。

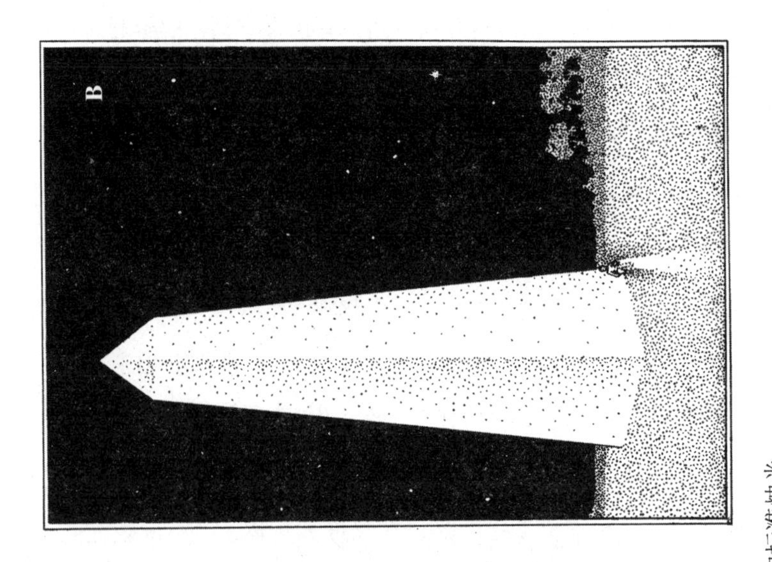

标准尺度和标准烛光

这些喜怒无常的造父变星很有用，因为它们的亮度与变化周期的长短有关。通过测量一颗造父变星从亮变暗，然后再变亮需要多长时间，天文学家能够计算出这颗造父变星最亮时的亮度。作为一个已知亮度的天体，一颗造父变星就成为一个标准烛光。找到一颗造父变星，就可以计算出它有多远。

天文学家测量了近处的一些造父变星的距离，但真正值得一提的是 1923 年 10 月 6 日清晨的发现。这一天，威尔逊山天文台的那架直径 100 英寸的望远镜指向了“仙女座星云”(被誉为天空中模糊星云之王)，并为该星云拍摄了一张照片。望远镜巨大的反射镜捕捉到了一些过去无人见过的东西。一颗星变亮后变暗……然后又变亮。起初哈勃看到它变亮又变暗，以为它是颗新星，是燃烧并暗淡下来后的一次明亮的爆炸。然而，新星是不会再次变亮的。于是，哈勃划去了在感光片上写下的“新”字，又写上“变”。那不是一颗新星，而是仙女座星云中的一颗造父变星。

哈勃找到了一个标准烛光，可以用它来量度离那片发光云的距离。哈勃的计算表明，这颗造父变星是在数十万光年之外，这个距离是如此之远，以至于到达哈勃的感光片上的光，已经是数十万年前的了。这个距离远远超出我们的银河系自身的大小。很清楚，仙女座星云不是银河系中的一个物质团，它本身是一个星系，是一个也许像银河系一样广袤的恒星群。哈勃在此发现了更多的造父变星，从而证实了他的结论：仙女座星云是一个远在数十万光年之外的独立星系。[4]（这个天体必须换个名字，从“仙女座星云”改为“仙女座星系”。）

接下来，哈勃又把望远镜对准其他旋涡星盘，使他感到十分欣慰的是，那些星盘也都有造父变星。这下人们才发现，即使仙女座星系离我们如此遥远，它却是无数旋涡星系中离得最近的一个。每一个旋涡星云，都是一个像我们自己的银河系那样的完整的星系，且比宇宙学家所想象的要遥远得多。“大辩论”结束了，柯蒂斯是对的。银河系只是浩瀚的太空海洋中的一个岛屿而已。沙普利那个小小的、单星系的宇宙肯定是错误的。宇宙的跨度不是只有数万光年，而肯定是数百万光年（及以上），其中不但有其他太阳，而且还有其他星系（无数太阳的群落）。

哈勃的宇宙是一个寂静而空旷的地方，只是其间点缀着一些小小的由恒星组成的绿洲。这个发现非常有价值，不过出人意料的是，这只是他的两个发现中次要的一个。哈勃对距离的测量数据，只是使宇宙学家认识到宇宙有多么广袤。而在 1929 年，他又迫使宇宙学家不得不思考宇宙的诞生和死亡。

哈勃的第二个发现是利用恒星的“指纹”做到的。所有“恒星”（可不是好莱坞的那些明星），本质上都是高温气体球。这些炽热气体发射出不同颜色的光，实际上，每种气体发出的光都有一种特殊的颜色。当你观测钠光时，它有些发黄，而氖光看起来则是红的。如果你用棱镜将光的组成分离出来，就会看到一系列不同颜色的条纹，它可告诉你正在观测的是哪种气体。不管是钠、氖、氢还是氦，每种气体都有一套不同的独特条纹。这些条纹就像指纹一样各不相同。天文学家可以观测一颗恒星光谱中的条纹，然后准确判断出它是由什么元素组成的（甚至知道那些元素的相对丰度）。

哈勃使用这个窍门，让某些星系的光通过棱镜，这样他就看到了这些光的化学指纹——尤其是氢的指纹，因为至今氢是宇宙中最普遍的元素。奇怪的是，他注意到那些条纹没有完全落在光谱的正确位置上，这些颜色有些小小的偏离。指纹上那些条纹的相对位置是正确的，但是它们全都向光谱的红端移动了一点点。由于天文学家过去已经见过这种光谱线的移动，所以哈勃很快就明白了所发生的情况。他所看到的就是被称为红移的现象，这是多普勒效应（Doppler effect）的一个例子。州警就是利用同样的现象来逮住超速者的。

当一列火车向我们驶来并拉响汽笛时，我们就能听到多普勒效应的发生。随着火车驶过，汽笛声突然从尖细降为低沉。出现这种现象是因为火车的运动挤压或拉长了汽笛的声波。在发动机前面，声波受到了挤压，使汽笛声比平常尖细；而在发动机后面，火车的运动使声波拉长，从而使汽笛声变得低沉。这种挤压和拉长就是多普勒效应。警官用雷达枪或者激光枪射向一辆汽车时，他实际上是在测量这辆汽车的运动正在压缩反射出来的辐射的程度。通过测量这个压缩量，就能计算出那辆汽车开得多快，然后给驾车人开一张 250 美元的罚单。科学是不是很奇妙？

雷达枪和激光枪射出的是光束，所以多普勒效应既与声波有关，也与光波有关，这并不令人吃惊。然而，光波与声波的一个重要区别在于是什么东西发生了移动。对于声波来说，频率的移动就是音调的变化：频率越高，音调越高。而对于光波来说，频率的移动就是颜色的变化：频率越高，光的颜色越蓝。一列迎面驶向我们的火车，汽笛声比平常高些，而一颗迎面飞向我们的恒星，它的光就会比平常蓝些。相反，一列急速离去的火车发出比较低沉的音调，一颗离我们而去的恒星看起来比平常红些。

当哈勃发现这种恒星指纹比一般情况下更红一些的时候，也就是说它们发生红移的时候，他意识到，他所观察的这个星系，正远离地球而去。[5]哈勃十分惊奇地发现，**所有**星系都在飞快离去。更糟糕的是，星系离开越远，它离去的速度就越快。这就是说宇宙正在飞散开来！结论令人震惊。这是第二次宇宙学革命的首次礼炮齐鸣，它将摧毁宇宙是永恒的、一成不变的那种思想。

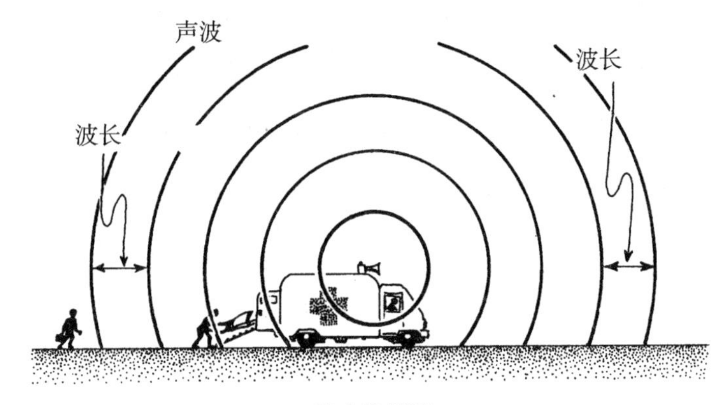

静止发射源

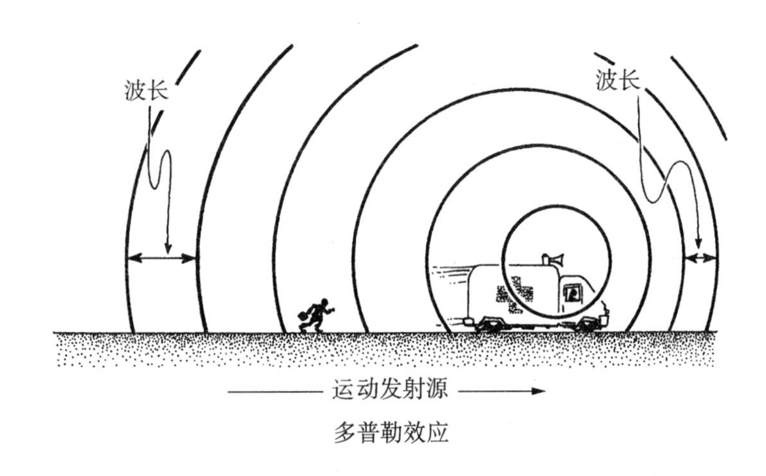

——— 运动发射源 ———→

多普勒效应

谁能够解释这些星系的奇怪表现呢？我们可以从现代宇宙学中寻找答案。让我们把宇宙想象成一个橡胶气球，而星系就是它表面的一些小圆点。随着气球吹胀起来，这些小圆点彼此迅速分开。对气球球面的任何一个特定圆点来说，所有其他圆点都在急速离它而去，而且实际上，离得远的点比离得近的点离开得快。这种情况大致上与宇宙中正在发生的情况相同。宇宙在膨胀，我们处在银河系，看见了这种膨胀，因为四面八方的星系都在迅速离我们而去。这些星系离我们越远，运动得就越快，它们的光谱就越红。

宇宙膨胀的场景提出了一个哲学难题。这种宇宙的膨胀就像一部电影，一只气球正以一定速率（这个速率是用**哈勃常量**来表示的，这个常量与一个星系的退行速度和距离的比值有关）在膨胀。然而，我们可以把电影倒着放。如果我们能够把关于宇宙膨胀的这部电影倒着放，我们就会看到这只气球以一定的速率不断地收缩到 10 亿年前、20 亿年前、100 亿年前……那么，后来呢？总不可能永远缩小下去。当影片到达过去的某一时刻（现在把它想象为大约 140 亿年以前），这只气球肯定会完全缩小成一个点，然后消失。气球完全坍缩了。140 亿年以前，这个气球宇宙曾经收缩得没有了。在那之前，宇宙不可能以现在的形式存在。

对于从原有的方向看这场电影的某个人来说，宇宙就好像是从那个小点处突然出现的。这就是大爆炸。宇宙必须有一个开始，但并不是在无限长的时间以前。宇宙的年龄只有 140 亿岁，此前，宇宙根本不存在。这种思想——宇宙肯定有诞生日——吓坏了当时的许多科学家，使他们裹足不前，这里面也包括了爱因斯坦。当爱因斯坦提出广义相对论这个有效地描述了我们的气球宇宙“橡胶面”性质的理论时，他很快意识到那些方程所描述的宇宙必然是不稳定的。如果爱因斯坦的理论是正确的，那么宇宙就不可能永远地存在而不发生变化。相对论说，宇宙肯定不是膨胀的，就是收缩的，宇宙不可能固定不变。

爱因斯坦觉得，宇宙不断变化的思想太讨厌了，他必须修补自己的方程。为了“修补”一个有限宇宙所存在的问题，爱因斯坦添加了一个项，即一个用希腊大写字母 Λ 来表示的常量，用它来平衡那个作用于宇宙橡胶面结构上的力，使它再次趋于稳定。爱因斯坦的**宇宙学常量**是一种办法，可以回避一个不断变化的宇宙，回避一个有始有终的宇宙带来的后果。但是给方程加上一个 Λ，没有什么科学上的正当理由可言，而且看起来也没有什么意义（爱因斯坦开玩笑说，提出这个常量应该被关进精神病院），很快他就对自己做的修补感到后悔。当爱因斯坦听说了哈勃的发现以后，他把这个宇宙学常量称为他一生中最大的失误，因为本来他自己的方程很可能会预测到哈勃的某些发现。

其他科学家也不认可存在着一个有诞生，也许还会有死亡的有限宇宙的想法。1948 年，天文学家邦迪（Hermann Bondi）、戈尔德（Thomas Gold）和霍伊尔（Fred Hoyle）提出了另一种取代大爆炸理论的思想，给那些企盼有一个永恒宇宙的人带来了一线希望。这个所谓的稳恒态理论的思想基础是，宇宙作为一个整体是一成不变的，即使个别星系相互分离并死亡，也是如此。在这样一个稳恒态宇宙中，物质和能量无止境地像喷泉一样涌出，浓缩成星系，而新形成的星系则迅速彼此飞离。这种永久的、不间断的物质的创生，避免了一次激变性的诞生。

哈勃的发现，提出了一个关于宇宙本质的新问题：是大爆炸，还是稳恒态？宇宙是有限的，还是永恒的、一成不变的？这场激辩持续了数十年。宇宙学家倾向于哪一种思想，这取决于他们觉得有限宇宙的思想究竟是令人欣慰的，还是令人不安的。然而，第二次宇宙学革命的下一次冲突，将会彻底回答这个问题。哈勃的发现迫使宇宙学家思考宇宙的诞生和死亡，而天空中一种无处不在的光亮（即通常所说的宇宙微波背景），使他们第一次得以目睹宇宙诞生时的狂暴场面，永恒不变的宇宙这个古老的慰藉，从此一去不复返。

宇宙存在着火墙。不管宇宙学家把望远镜对准什么地方，他们都会看到远处有一层光围绕着我们。在那道巨大辐射幕墙的另一边，在那个比最古老的恒星和星系还要遥远的地方，天文学家看不到任何东西。我们被这个表层罩在里面：它就是宇宙微波背景（CMB），是宇宙大爆炸之后的微弱余辉。

宇宙大爆炸是一次极为巨大的爆炸，它创生了时空结构以及宇宙中所有的物质和能量。这一时空结构，曾由爱因斯坦在广义相对论中作过描述，它在这次大变动发生后迅速暴胀，但是，就在一瞬间，这种暴胀减慢，原本自由飘动的亚原子粒子、夸克等开始形成质子和中子，它们不断地被异常强烈且携有能量的光推来搡去。物体在膨胀时会变冷（在院子里用烤架烤肉时，把丙烷储罐打开，摸一下罐口便知）。于是，一直膨胀着的宇宙冷却了下来。宇宙的强光发散开来，而且能量降低；几分钟后，这个新诞生的宇宙的温度降低了。一些质子和中子结合成氘（重氢，比氢多出一个中子）、氦和其他几种稍重的元素。宇宙充斥着各种原子核和电子——还有光。每当一个电子试图与一个原子核结合在一起时，它就会很快受到一个光子（光的粒子）的撞击而被驱走；相反，一个光子在从一个试图聚合的原子那里散射之前，不可能传播太远。光被困在一个牢笼之中。这就是大爆炸后大约40万年时宇宙的性质，那时膨胀中的宇宙冷却到了一定程度，使另一种变化得以发生：电子与原子核彻底地结合在一起。这种**复合**使光从束缚中解脱出来，整个宇宙也变得明亮起来。

宇宙继续扩大，从未停止过。这种来自复合期的光，至今仍然在宇宙中游荡，但是，随着时空结构的扩大，光也在扩展。几十亿年过去了，超高能 γ 射线减弱为X射线，减弱为可见光。直至现在，复合期过了140亿年之后，已减弱为微波。光由呐喊变为喃喃低语，变为一种温度仅为2.7 K的微弱光亮。这就是宇宙微波背景，也叫宇宙背景辐射。这种辐射来自天空的四面八方。

虽然现代宇宙学家目前已经知道有宇宙微波背景存在，但是在哈勃的观测之后的几十年中，并没有人找到过它，也没有人知道它的存在。只有几位小有名气的理论学家曾经预测过这种来自早期宇宙的微弱光亮。第一个知道它的是物理学家伽莫夫（George Gamow），此人对宇宙中原初氦的丰度颇感兴趣。氦是由两个质子和一到两个中子组成的。大爆炸最初几分钟内，当宇宙仍然是质子、中子和电子（还有许多光子）的一片汪洋大海时，一些质子和中子发生碰撞，形成较重的元素，如氦和氘（一个质子和一个中子）。伽莫夫意识到，宇宙的压力、温度和密度，与质子和中子相互碰撞并形成比氢重的元素的机会多少有些关联。于是，他得出了结论，大爆炸后最初几分钟形成的氦和其他较重元素的量，应该包含有关宇宙在最初诞生时的温度、压力和密度的大量信息。1948 年，也就是稳恒态理论诞生的同一年，物理学家阿尔弗（Ralph Alpher）和赫尔曼（Robert Herman）利用伽莫夫的思想，计算了大爆炸留下的辐射残迹的温度。他们得到的答案高出了几度，不过，这个重要的发现还是正确的：如果宇宙确实诞生于大爆炸，那么就必须留下一个可测量的辐射量。然而，他们的计算并没有引起多少注意，时间一长便被遗忘了。

差不多 20 年后，因制作高灵敏度天线而名噪一时的普林斯顿大学天文学家迪克（Robert Dicke），用一套不同的论证，得出了同样的结论。20 世纪 60 年代曾在普林斯顿与迪克一起工作的天体物理学家皮布尔斯（P. J. E. Peebles）说，迪克“的确参加了伽莫夫主持的学术讨论会，所以他应该知道[阿尔弗和赫尔曼的论文]，但是他觉得他不知道”。迪克在不知道伽莫夫以及阿尔弗和赫尔曼的工作的情况下，形成了一个有关宇宙背景辐射的想法。迪克很喜欢振荡宇宙的思想，所谓振荡宇宙就是指一个从一次大爆炸中发展起来并逐渐增大，然后在一次“大挤压”（逆向大爆炸）中坍缩掉的宇宙。接着，在坍缩宇宙的废墟上，又开始了一次大爆炸，宇宙再生了，犹如凤凰浴火重生，开始了新的轮回。

然而，每次都要让宇宙从头创建，像铀和氧这样的重元素，甚至是氦，都必须进行分解，才能在新的宇宙中循环再生，所以迪克进行了一番计算。正如膨胀中的宇宙会冷却，收缩中的宇宙会变热，迪克想，这种变热可能分解了较重的元素，使它们可以再利用。即使坍缩宇宙的理论不正确，对坍缩于一次大挤压之前的宇宙的温度所进行的计算，反过来也是适用的，这些计算可以预测大爆炸后宇宙的温度。通过这些计算，迪克认识到，大爆炸时期肯定会留下残余的辐射背景。迪克安排他的两名研究生做了一个微波天线来探测这种辐射。皮布尔斯对这个理论的计算做了一些改进，同阿尔弗和赫尔曼一样，他得到的结果也是温度过高。皮布尔斯说：“我不知不觉地重复了伽莫夫理论。”

这是为了发现宇宙微波背景而跨出的一步，但是普林斯顿科学家的发现却成了别人的战利品。附近贝尔实验室的两位工程师彭齐亚斯（Arno Penzias）和威尔逊（Robert Wilson），当时正试图去掉微波天线上的杂音。起初，他们以为这种杂音是由“城里人都很熟悉的鸽子的排泄物”引起的。然而，即使把栖息的鸽子从天线上赶走，清理干净所有鸽子粪便，工程师们还是不能除掉那些来自四面八方的顽固的微波静电干扰。当彭齐亚斯和威尔逊在1965年听说了普林斯顿的理论时，他们意识到这种静电干扰实际上就是大爆炸的余辉。那是宇宙诞生后不久就产生的信号，它证实了大爆炸理论是正确的，宇宙的确有一个开始。他们二人也因此获得了诺贝尔奖。

宇宙微波背景的发现，是第二次宇宙学革命的最后一搏。1920年，科学家对宇宙是否有始有终，所知甚微，这是科学无法回答的一个问题。当哈勃发现宇宙正在飞散开来时，他迫使不愿意接受这个事实的宇宙学家思考宇宙是如何诞生的，又会如何死亡。45年之后，也就是在1965年彭齐亚斯和威尔逊发现宇宙背景辐射时，科学家第一次得以亲眼目睹宇宙诞生的场面。宇宙背景辐射（来自天空所有区域的那种微波的微弱嘶嘶声），就是我们宇宙年幼时的快照。它是宇宙在大爆炸仅仅40万年后片刻间的图景，那时，宇宙中的一切物质，都随着那场巨变所释放出来的热而沸腾，而发光。宇宙学家不能够再用永恒不变的宇宙图景来安慰自己了。所有科学家现在都知道，宇宙有自己的生日，因为我们已经见到了宇宙婴儿期的照片。

第四章
第三次宇宙学革命开始：癫狂的宇宙

一场政变，或者说一次宫廷夺权，可能是早有预谋的。然而，一场革命是绝不可能事先就安排好的：它的爆发，它爆发的时刻，让每一个人，甚至连那些鼓动者，都始料不及。在这场看起来是突发的且在此过程中毁灭了一切的自发事件面前，人们目瞪口呆。它的破坏是那么无情，也许最终湮灭了使它得以发生的理想。

——卡普钦斯基，《伊朗王中王》

在宇宙的另一端，两个不般配的伙伴难舍难分，一起跳着死亡之舞。两颗恒星在临近生命的最后时刻，相互盘旋着，共同的致命引力把它们拴在一起。其中的一颗星正在萎缩，放出炽热的白光。这是一颗白矮星，一颗像我们太阳那样的恒星在坍缩后的残骸，它被压缩得比地球还要小。它的同伴则正在膨胀成为一个庞然大物；那是一个冷却的红色巨物，一颗巨星，膨胀到它原来大小的许多倍，正在燃烧着自己最后的燃料。

这两颗星彼此绕行，相互被对方的引力束缚着。引力创造了这对搭档，也会将它们毁灭。这颗膨胀的巨星，受到伙伴的拖拽，扭曲成巨大的泪滴状。来自这颗红巨星的气体，从泪滴状结构的尖细的一头喷出，呈螺旋状缓慢地流入白矮星，就像自来水流入下水道那样。日复一日，年复一年，白矮星吞噬着这些气体，它不知不觉地变得沉重起来。某一天，情况突然变得一团糟。

当白矮星过于沉重，准确地说，达到我们太阳质量的 1.44 倍时，它聚集起来的多余质量，将打破这颗收缩星那脆弱的平衡。这时，哪怕再多一点点气体也是这颗星难以承受的，突然间，它灾难性地坍缩了。就在一瞬间，这颗星收缩并变得炽热，伴随着咆哮声，发生了耀眼的爆炸：一颗超新星出现了。这是自大爆炸以来，宇宙中发生的威力最大的事件之一，它是全宇宙都能看得见的灯塔。

头两次宇宙学革命，粉碎了我们认识宇宙的方式，以及我们认为自己在宇宙中所处位置的想法。哥白尼革命粉碎了舒适的亚里士多德宇宙，在那个宇宙中，地球被安全地置于一枚小小的果壳中。哈勃革命和宇宙微波背景的发现表明，宇宙有始，也有终。而超新星则是第三次革命的预言者。科学家现在随时都有可能回答那些曾经使人类备受折磨的永恒问题：宇宙从哪里来？它会怎样结束？由于在宇宙另一半发生的恒星灾变，所以，现在正在进行的这场革命已经回答了其中的一个问题。

第三次宇宙学革命使科学家大吃一惊，因为科学家自以为已经十分了解宇宙是如何运转的。在发现了宇宙背景辐射之后，科学家明白了宇宙诞生的大致轮廓。他们知道，宇宙诞生于一团火中，而时空结构本身由于宇宙诞生带来的巨变而扩大。他们并没有掌握太多细节。只有知道了宇宙膨胀率，才能知道宇宙的确切年龄，而测量宇宙的膨胀极为困难，有极大的不确定性。此外，宇宙学家并不了解宇宙的最后归宿是什么。他们不知道宇宙是永远膨胀下去，还是再次坍缩并走向大爆炸的反面（即大挤压）。这些都是重要问题。不过，宇宙学家认为，通过进行越来越多的精确测量，他们可以回答这些问题。也许需要几十年，甚至更长时间，才能把这些事情做完。看来宇宙并没有留下什么让人大吃一惊的东西，宇宙学家只需要在细节上做些最后的处理就可以了。

20 世纪 80 年代和 90 年代，关于宇宙的故事有了一个朦胧的开始，却没有一个结尾。经过漫长的几十年的努力，科学家设法对哈勃常量做了越来越精密的测量，设法澄清某些不清晰的部分。他们对膨胀速度知道得越准确，对宇宙的年龄就越了解，对宇宙的诞生也就越了解。但是在 20 世纪 90 年代末，那些单调乏味的测量数据突然间变得令人兴奋起来。是宇宙那半边的超新星，而不是只对哈勃常量已有的测量所进行的精益求精的工作，改变了我们观测宇宙的方式。这些超新星不仅开始展示出宇宙如何诞生，也预示了它将会如何死亡。石破天惊！而且，一个接一个的实验表明，宇宙比我们所想象的陌生得多，于是，在科学界出现了一种不知如何是好的焦虑。1997 年，第三次宇宙学革命开始了。这次革命目前还在进行中。

这次革命的火花来自一个十分枯燥的领域。超新星的测量方法，正是一种更精确的测量宇宙膨胀的方法，这种方法与哈勃自己使用的方法没什么两样。和哈勃一样，超新星追踪者也要寻找标准烛光来帮助他们测量极遥远天体的距离。哈勃最喜欢的标准烛光是造父变星，哈勃通过他在遥远星系中找到的造父变星，不仅证明了宇宙正在膨胀，而且也对当前的宇宙膨胀率进行了粗略计算。这个量就是哈勃常量，用 H_0 表示。但是，要得出准确的值是有难度的。哈勃自己得出的数值有误，因为当时的天文学家对造父变星并不十分了解。

哈勃的错误在于他误认为造父变星都有同样的性质。1952 年，天文学家巴德（Walter Baade）表明，哈勃的推测是错误的。巴德利用哈勃曾使用过的那架直径为 100 英寸的望远镜，仔细观测了仙女座星系，证明有两种造父变星，其中一种（通常称为室女 W 型变星）比另一种暗一些。因此，哈勃的标准烛光并不像他想象的那样标准。这一疏忽使哈勃得出星系的距离要比实际距离近。[就好像我们发现一个站在方尖碑旁的人大约有 7 英尺（约 2.1 米）高；我们不得不重新估计离方尖碑的距离，因为我们使用的标准尺度不太准确。]结果是哈勃的 H_0 值太大——宇宙比实际膨胀得快。

这就导致了严重的错误。H_0 的值越大，宇宙膨胀得就越快。然而，宇宙膨胀得越快，膨胀到现在这样的尺度所需要的时间就越短，因此，快速膨胀就意味着宇宙很年轻。反之，H_0 值越小，宇宙膨胀得就越慢，宇宙的年龄就越大。因此，哈勃过大的 H_0 值，导致对宇宙的年龄估计过小。哈勃宇宙的年龄只有 20 亿岁，这个数字造成不可调和的矛盾。例如，通过观测恒星的大小、温度和组成，恒星天文学家能够计算出恒星的年龄。他们的计算往往表明，恒星的存在时间比 20 亿年长得多。恒星先于宇宙存在，这是说不通的。肯定有什么地方出错了。

天文学家为宇宙膨胀的准确速度争吵了几十年。事情发展到很糟糕的地步。哈勃常量是宇宙学家武器库中至关重要的一件武器。如果连宇宙的年龄都算不出，就很难说掌握了宇宙的历史。哈勃对宇宙膨胀的发现，揭开了持续70年之久的紧张研究的序幕。科学家必须想方设法确定宇宙的膨胀率。20世纪90年代初，他们找到了一件强大的新工具来解决这个争论：一架空间望远镜，即一个轨道天文观测台。这架空间望远镜的名字就是哈勃，这也反映了它的作用。哈勃空间望远镜的主要使命，即它的“重点计划”，就是彻底确定宇宙的膨胀速度。

1990年，哈勃空间望远镜由“发现号”航天飞机携载发射升空，与在地球上的伙伴相比，哈勃空间望远镜很小。它的反射镜直径大约为95英寸（约2.4米），比现代世界级地面望远镜小得多。不过，哈勃空间望远镜有一个地面望远镜所没有的很大优势：它在大气层的上面，因此，它的天空视野极为清晰。

尽管对我们来说大气层好像是透明的，但实际上它是一个混浊的、半透明的遮蔽层，挡住了来自天上星星的很大一部分光，而透过来的光也是失真的。即使是最明净的夜空，星星也一闪一闪——若隐若现，甚至好像还有一点跳动。之所以会这样，是因为大气层是个很不平静的地方。尽管漫不经心的观测者除了注意到恒星微弱的闪动之外，并不把这种不平静放在心上，但这足以使地面上的天文学家感到恼火，因为他们在设法辨认遥远星系和星云中非常细微的情形。大气层的这种不断闪烁，破坏了他们的视野，使之模糊，毁坏了所观测到的细节。虽然现在天文学家有办法修正大气湍动的部分效应，例如通过使用可变形的反射镜和“自适应光学系统”，可以抵消一些大气运动的影响，但是最好的可能选择，还是彻底突破大气层。轨道天文观测台还有另外一个好处，它能够看到被大气层挡住的颜色的光（如紫外光、X射线和 γ 射线），或者被地面辐射源所淹没的颜色的光（如红外线或微波）。这就是天文学家之所以能够说服政治家在空间望远镜方面调拨大量资金的原因。

当美国航空航天局解决了哈勃空间望远镜早期存在的一些问题（因反射镜制造商出了错，美国航空航天局被迫于1993年改进了望远镜的聚焦）之后，它就成为天文学家手中一件得心应手的工具。除了每天用它观测可见光如彩虹一样的光谱外，还借助它通过检测红外线和紫外光来观测宇宙。天文学家凭借哈勃望远镜拍下了许多太空奇葩的美丽照片。不过，更重要的是，他们收集了大量关于造父变星的数据，用以计算哈勃常量。他们还利用其他方法确定哈勃常量，例如测量旋涡星系的旋转速率，这个速率与它们的固有亮度有关。(这种旋转速率与亮度之间的关系被称为塔利—费希尔关系，于20世纪70年代被发现，因此，可把旋涡星系作为标准烛光。虽然已经知道它们的亮度不如造父变星准确，但是它们明亮得多，可以从更遥远的地方看到。)

经过6年的观测和分析，1999年，“哈勃重点计划”完成了。在帕萨迪纳的卡内基天文台，以弗里德曼（Wendy L. Freedman）为首的科学小组公布了哈勃常量的值：72 km/sec/Mpc。[1]但是所有这些工作，并没有让争议停止。同在卡内基天文台工作并同样使用哈勃望远镜资料的桑德奇（Allan Sandage）说：“一派胡言！”桑德奇提出一个接近60的H_0值，明显低于弗里德曼的值。价值10亿美元的空间望远镜也没有解决这个争议。不过，幸运的是，其他很多天文学家也在使用别的办法，设法计算宇宙膨胀的数值。其中最有希望的就是对超新星的研究，而超新星是大质量恒星剧变性死亡的痛苦呼叫。

当一颗恒星的质量大到一定程度——其发生核反应后留下的核心部分的质量超过**钱德拉塞卡极限**（Chandrasekhar limit），即超过我们太阳质量的1.44倍时——它的死亡场面就会异常激烈而壮观。*一颗恒星在其一生中，就是一个引力与核聚变能量之间动荡不安的战场。引力要把恒星压缩成为一个小球，而它的核熔炉（主要是把氢变成氦）中的热与光，却要把它炸成碎片。然而，经过几百万年到几十亿年以后，恒星的氢逐渐燃尽，它便开始聚合氦，然后聚合越来越重的元素，它要竭力保持自己不坍缩。可是最终，它的燃料消耗殆尽，[2]这个核熔炉再也无法继续抵抗引力的压迫，引力最终战胜了恒星内在的压力，这颗恒星终于坍缩了，并突然释放出巨大能量。

一颗相对轻一些的恒星，如我们的太阳，在坍缩成一颗微型的、地球一般大小的白矮星时，会释放出适度的能量。阻止它完全坍缩的，是这颗恒星的电子间的相互排斥效应：当引力迫使它们占据同一个位置时，它们抗拒并抵消这个力。然而，即使是电子间的排斥，也有一定的限度。如果恒星的质量非常大，这颗恒星坍缩后的核心质量超出了钱德拉塞卡极限，它的引力就会强到足以克服电子间的排斥并进一步坍缩，恒星最终变成一颗中子星，甚至一个黑洞。而在这种情况发生时，它会释放出极其巨大的能量，并以超新星的形式死亡。超新星是现代宇宙中能量最高的爆发，因此，在四面八方几十亿光年之外，都能看得见。对科学家来说，幸运的是，有一种被称为Ia型的超新星，就是一种标准烛光，而且与造父变星不同，这种标准烛光在宇宙的另一半也能看到。

其他超新星一开始是质量各不相同的恒星，所以当它们爆发时，狂泻出各自不同的能量。然而，对于一颗Ia型超新星来说，由于它独特的历史，每次爆发的方式都一样。那是两颗恒星（一颗贪婪的白

---

* 原文在这段文字的表述上存在缺陷，译文已作适当纠正。——译者

矮星和它的膨胀伙伴）之间死亡共舞的产物。随着时间的流逝，白矮星从它倒霉的伙伴那里窃取越来越多的气体，它变得越来越沉重。在白矮星最后越过钱德拉塞卡极限的那一刻，它就以一颗超新星的形式爆发。正是在一颗接近钱德拉塞卡极限的白矮星恰恰越过那道门槛并变为超新星的那一刻，一颗 Ia 型超新星爆发了。这类星在爆发时质量相同——恰好是钱德拉塞卡极限——所以每次都以相同的方式、相同的质量、相同的能量爆发，而且亮度也相同。这就是一种标准烛光。

有两组天文学家用了多年时间争相研究 Ia 型超新星，希望能够用它们计算出哈勃常量。“超新星宇宙学计划”和“大 Z 超新星搜索团组”[3]，利用哈勃空间望远镜、智利的托洛洛山美洲天文台望远镜、夏威夷的凯克望远镜，以及世界各地其他一些望远镜，搜寻和测量 Ia 型超新星。他们的目标就是测量宇宙的哈勃膨胀率，不论是现在的，还是过去的。由于超新星在如此遥远的地方都可以看得到——目前的纪录超过 100 亿光年——所以天文学家利用超新星，不仅能够计算现代宇宙的哈勃膨胀，也可以计算过去宇宙的哈勃膨胀。当天文学家观测 10 亿光年之外的一颗超新星时，他们其实是在观测 10 亿年以前从那颗超新星发出的光。当科学家凝视太空广阔的区域时，他们实际上是在时间上逆向观测。这样做十分有价值，因为随着宇宙的演化，哈勃常量必然有所改变。[4]

宇宙正在膨胀，因为它诞生时得到了极大的一击。好比用球棒击棒球，打个正着时，就会使球竖直冲上天去。然而，随着时间的流逝，由于引力的作用，球速将越来越慢。在某个时刻，球的竖直运动完全停止，然后落回地面。一些宇宙学家认为，宇宙的运转或许大致如此；在初始一击的作用过后，宇宙的膨胀将越来越慢，最后停止。

然后，它将会因自身引力的牵拉而发生坍缩，就像棒球落回地面一样。宇宙将会收缩，再收缩，变得炽热，最终会在一次大挤压（大爆炸的逆过程）中消失。然而，宇宙学家还看到另一种可能性。从理论上说，可以狠狠给棒球一击，让它从地球引力场中逃逸；球慢了下来，但是仍保持足够的初始冲力而飞入太空。这只棒球便永远不会落回地面。它会慢下来，再慢下来，但是，它会飞入深空，飞出太阳系。它永远也不会回到地球。一些宇宙学家相信，宇宙的行为就是这样，它总是在膨胀，边膨胀边减速，但永远不会坍缩。宇宙会变得越来越大，会逐渐冷却下来，随着众恒星烧尽自己最后那一点燃料而奄奄一息，最终绝迹。

无论宇宙学家是相信大挤压，还是相信不断膨胀的宇宙，他们一致同意，哈勃常量也像棒球速度一样，毕竟不是那么恒定。过去的常量肯定比现在的常量大，正如棒球一样，棒球刚被击出去时的速度快于它在空中行进了几秒钟后的速度。哈勃常量的数学符号是 H_0，这就反映了宇宙膨胀变化的性质，下标（0）表示现在的膨胀率。现在的哈勃常量应该比几十亿年前小，正像在高空移动的棒球，其速度肯定比刚被击出去时要慢的道理一样。

这两个寻找 Ia 型超新星的小组，一丝不苟地收集着世界各地的望远镜有关超新星的数据，在分析这些数据时，他们并不期望看到任何异常的东西。对他们来说，每一颗超新星都像历史上的一张快照，都是可以用来计算古老宇宙膨胀速度的一种途径。通过汇集足够的不同距离的超新星，两个研究小组都希望合成一幅哈勃常量在过去不同时期的图像，并测算随着时间的推移宇宙膨胀将如何减慢。1997 年，这两个研究小组终于得到了他们所需要的资料，对于人类最古老的问题之一“宇宙会如何终结”，他们提供了一个略有眉目的答案。在这个过程中，这两个研究小组在无意中揭开了宇宙学史上最匪夷所思、最使人困惑，同时也最令人兴奋的篇章。

每颗超新星都是一个单独的数据点，都是对过去某一时刻哈勃膨胀的一次测量。这两个研究小组都需要足够的这类数据点，以产生一幅有关宇宙膨胀历史的自洽图景，需要有足够的快照来简单制作一部电影，以描述百十亿年来宇宙的演变。1997 年末，“超新星宇宙学计划”的帕尔马特（Saul Perlmutter）和“大 Z 超新星搜索团组”的施密特（Brian Schmidt）两人，已经掌握了足够数目的超新星，来汇编成第一部有关宇宙膨胀的简史。

古老神话常常讲述宇宙如何遭到毁灭的故事，但是现代科学只是从第二次宇宙学革命开始，才认真对待这个问题。哈勃的研究迫使宇宙学家面对宇宙的始与终，但几十年来，他们没有工具以确定宇宙的归宿。他们辩论过宇宙将如何结束：是永远膨胀下去，还是终结于大挤压？爱因斯坦方程认为二者必有其一；宇宙是两种力（引力和大爆炸的力）之间一场不断演变的战斗，没有人知道哪一方会取胜。胜利者将会决定宇宙如何死亡。这两个超新星研究小组在测量宇宙膨胀速度变化的快慢时，无非也就是在研究宇宙的归宿。

如果最后引力胜利了，如果宇宙中有足够的物质克服大爆炸引起的膨胀，那么膨胀就会一慢再慢，最后完全停止。在这种情况下，在天文学家观测历时几十亿年的宇宙时，他们将会看到哈勃常量逐渐变小，正在向零接近。宇宙膨胀完全被星系的引力抵消。但是，故事到此还没有讲完。即使膨胀逐渐消失，引力还是会继续把一切拉在一起，于是宇宙开始坍缩。它越变越小，运动得越来越快。宇宙坍缩的加速，就像棒球落回地面一样。正如宇宙随着膨胀会冷却下来，随着坍缩它又会变热。很快，一切都沐浴在一片炽热的光亮中：紫外光，然后是X射线，接下来是 γ 射线，即使物质本身，在这种辐射的洗礼下也无法存在。电子从自己所在的原子中飞走，甚至原子核也都飞散。在垂死的宇宙的最后时刻，组成原子核的质子和中子本身也瓦解了，宇宙耗尽所有，进入逆向大爆炸：大挤压。宇宙死于火。

另一方面，理论家认识到，可能宇宙中没有足够的物质抵消初始爆炸力。虽然宇宙膨胀逐渐减慢——观测者看到哈勃常量随着时间流逝而变小——但是膨胀永远不会完全停止，星系之间永远在彼此飞离，相距越来越远。随着时间流逝，它们越来越暗，颜色越来越红，最后从空中消失。恒星会在燃烧殆尽后死亡，变成寒冷的、死亡物质的空壳，一颗接一颗地飞逝。时间一天天过去，宇宙变得越来越冷，甚至连最后一点点物质也可能会崩溃，衰变成能量，在宇宙寒冷的、毫无生机的辐射环境中，发出瞬间的光亮。除了寒光冷冷的笼罩之外，什么都没有了。那会是一次冰寂死亡。

搜索超新星是件费时费力的事。天文学家不厌其烦地拍下天空广大区域的照片，偶尔会发现微小的变化——有时候会看到在天空的某个区域，出现一个过去从未有过的亮点。如果那是一颗Ia型超新星，他们就通过观测其亮度来估计它的距离，并与它的红移作对比。日复一日，超新星追踪者逐渐建立起一个与地球有不同距离的超新星的数据库。比较这些超新星的距离和它们的红移——它们的退行速率——超新星追踪者就能够了解宇宙膨胀率是如何随着时间的流逝而放慢的。如果宇宙膨胀迅速变慢，那么宇宙就会在一个火球中坍缩；如果宇宙十分缓慢地减速，那么它就会冷却并且永远膨胀下去。

两个研究小组公布了第一批超新星结果，表明宇宙膨胀并没有迅速减慢。帕尔马特、施密特及其同事第一次披露，引力在这场战斗中节节败退，宇宙在一如既往地膨胀着。现在大多数科学家都相信，宇宙膨胀会永远继续下去。我们的归宿是死于冰寂。

这是一个惊人的发现。历史上第一次，科学家从神话和猜测手中夺取了宇宙的终结权，并把它牢牢握在人类知识的手中。这将是宇宙学最持久的胜利之一。然而，这只是第三次宇宙学革命的开始，因为这种对宇宙命运的了解，是付出了沉重的代价才得来的，它彻底推翻了科学家关于宇宙本性的观念。

1998 年，距离宇宙命运的公布还不到一年，在这两个超新星研究团组收集了更多数据并作出更多计算之后，这个故事变得更加匪夷所思。这些超新星追踪者在继续测量宇宙的膨胀率，测量过去和现在的膨胀率。但是，这些新的数据使他们看到了绝对令人晕头转向的某种情况。1997 年，他们发现宇宙膨胀并没有放慢太多。然后，到了 1998 年，他们看到宇宙膨胀根本没有放慢；实际上，速度还在加快。这是出人意料的，就好像看见被击上天的一个棒球，越来越快地往上冲，一直在加速。似乎有某种离奇的反引力，以永远增加的速度把棒球往空中推去。面对这一发现，宇宙学家惊呆了。

所有宇宙模型都假设宇宙膨胀随时间而放慢。然而，超新星追踪者发现，哈勃常量——宇宙膨胀速度——在过去比现在小，常规的推测完全错误。宇宙学家不得不拿出他们在学校里学到的最基本的观点，而令人啼笑皆非的是，他们又开始研究爱因斯坦的“最大失误”。爱因斯坦一生中最大的错误，或许根本就谈不上是什么错误。

宇宙学常量 Λ，阻止宇宙坍缩——这是一种神秘的斥力，是爱因斯坦人为地加进他的方程之中的，后来爱因斯坦得知哈勃发现宇宙真的在膨胀时，他又放弃了它。Λ 产生近 70 年后，超新星数据迫使宇宙学家重新去研究它。由于宇宙正在越来越快地膨胀，而并非如大家所预想的那样放慢膨胀速度，所以天体物理学家不得不考虑存在某种反引力的可能性，这是一种神秘的力，它能抗拒引力的拉拽。宇宙一直在加速膨胀，这表明有一种斥力存在：有什么东西正在越来越起劲地给这个气球宇宙充气。尽管现在他们有了一些理论，但没有人真正知道那到底是什么东西。因此，这种斥力 Λ 立即成了科学中最大的谜。

第五章
天穹之乐：宇宙微波背景

我们无力听见这和谐之音，好像是因为这个强盗的蛮横造成的；普罗米修斯（Prometheus），给人类带来这么多的不幸……假如我们的心也像毕达哥拉斯的心那样纯洁无瑕，那么我们的双耳就能回响并充满了旋轮般的恒星所发出的那使人无比愉悦的音乐。于是，一切真的将会回到黄金时代。

——弥尔顿（John Milton），

《论天穹之乐》（*On the Music of the Spheres*）

超新星追踪者留下了一个混乱的宇宙。当他们跟踪宇宙的最终命运时，他们偶然发现了一种神秘力量的影响——一个正在把宇宙分散开的宇宙学常量，使宇宙膨胀得越来越快。当然，科学家不愿意接受一种陌生的反引力的思想，但是，数据却促使他们接受这种随之而来的对宇宙的不合情理的描述，于是他们开始寻找一种摆脱办法。有些人认为，超新星不能完全算是人们所设想的标准烛光。例如，如果以前超新星比现在暗，那么它们看起来就可能比实际上离得远，从而使计算出错。

要证实某种事情的存在像宇宙学常量一样违反直觉，需要大量证据。超新星数据，是一个加速膨胀的宇宙令人信服的证据，但是，如果它们是证明反引力存在的唯一证据，那么恐怕科学家早就把它们当作趣味性实验的雕虫小技而摒弃了。不过，还有其他更行之有效的方法来预见宇宙的命运，天文学家终于得到了这些方法，而且不断地证实宇宙这种越来越匪夷所思的情形。科学家正在学习解读环绕我们四周的火墙上镌刻的预言。

这堵火墙即宇宙背景辐射，它记载着初期宇宙的历史。它不仅讲述了宇宙是如何诞生的，而且讲述了宇宙里都有些什么，宇宙又将如何走向终点。2000 年春，科学家终于能够解读出藏匿在宇宙背景辐射中的预言。一个叫做"毫米波段气球观天计划"（Boomerang）的气球实验，送回了有关宇宙背景辐射的第一个高清晰度小尺度模式图。这只是个开始。一年之后，3 个宇宙背景研究小组同时公布了自己的数据，共同提出了一张从未有过的关于宇宙边缘截面的最精美的图片。2002 年，一颗绕地球运行的卫星，在整个星空执行着相同使命。这些新的测量，以仅仅 10 年前我们几乎无法想象的方式，向我们揭示了宇宙的起源和归宿。

宇宙学家已经开始把宇宙背景辐射告诉我们的秘密解读出来，他们对所了解到的东西惊讶不已。

为了解宇宙背景辐射，我们必须进行一次回到宇宙之初、回到大爆炸本身的旅行。乍看起来，科学家所讲述的宇宙史，与希腊神话或者非洲的讲述者所讲的故事，几乎同样牵强附会。然而，与古老神话不同的是，科学家叙述的每一个部分，都有确凿的科学证据支持。随着故事一步步深入，这些证据会逐渐变得清楚起来。而且，科学家也不得不接受这个似乎要多奇怪就有多奇怪的故事，来解释自己对宇宙的观测结果。

和许多古老的神话故事一样，现代科学对宇宙起源的认识，开始于虚无。没有空间，没有时间，甚至连虚空也没有。什么都没有。

刹那间，从什么都没有变成有了点什么。在一次巨大的能量闪现中，大爆炸创造了空间和时间。没有人知道这能量来自何处——也许这只是一个随机事件，也许这只是许多同类大爆炸中的一次。然而，在这粒物质和能量的微小的种子里面，却容纳着我们现在的宇宙所有的东西。转瞬间，宇宙以令人难以置信的速度膨胀起来。能量使它暴胀，而科学家对这种能量还不十分了解。然而，那个短暂的暴胀时代，正如在第十二章里将要解释的，在现代宇宙的面孔上留下了印记。

随着新生宇宙的膨胀，物质开始聚合。大约在大爆炸后万亿分之一秒时，夸克、胶子和轻子开始从辐射中形成。这些就是物质的基本结构。稍后我们还会详细讲到这些粒子，现在先按顺序作一个简单介绍。夸克是相对较重、不可分割的物质团，它们是组成原子中心的材料。胶子是有“黏性”的粒子，将夸克粘连在一起。轻子则如电子，是比较轻的、不可分割的粒子。与夸克不同，轻子不受胶子吸引力的影响。（看上去显得有些奇怪的是，有些粒子受胶子吸引力的影响，有些粒子则不受这种吸引力的影响。不过，即使在宏观世界中，那也是件很平常的事：别针受磁铁吸引力的影响，而一分硬币却不会。）在这里，钻研细节并不重要；我们只需要了解夸克、胶子和轻子是宇宙中最原初的物质，知道在大爆炸后大约百万分之一秒时，宇宙是一锅沸腾的原初物质和辐射的浓汤就可以了。夸克、胶子和轻子以物理学家称之为**夸克—胶子等离子体**的形式，四处飘浮，并被辐射推来搡去。

大约在百万分之一秒后，这锅浓汤冷却到10万亿度。物质粒子失去能量而减速。夸克无法再抗拒胶子的吸引，开始屈服于其引力。夸克—胶子等离子体开始聚合，很像一团水蒸气遇到冰冷的窗玻璃后凝结成水滴一样。当它们粘在一起时，夸克除了凝结成存在时间不长的更奇异的粒子之外，还凝结成像质子和中子这样居于原子中心的重粒子。

随着宇宙冷却下来，宇宙中所有的夸克都凝结成质子和中子这样的粒子。这些新生的质子和中子仍然非常炽热——具有很多能量——它们四处乱飞，互相碰撞，分分合合。然而，随着宇宙进一步冷却和膨胀，质子和中子的速度减慢，于是，就像夸克一旦冷却到一定温度后就会合在一起一样，质子和中子也会这样。当质子和中子运动的速度减到足够慢时，它们相撞后便不再有把它们分开的能量。质子和中子结合成原子核：氘、氦3、氦4及其他较重的核素。这就是核合成（nucleosynthesis）时代。但是这种合成并不完全，宇宙中大多数质子仍然没有结合，仍然保持独立，仍然是质子，而一个孤单的质子，就是化学家称之为氢的那种原子的核。

宇宙几乎所有的物质都生成于宇宙创始的头几分钟。夸克和轻子是从能量中产生的，接下来夸克结合成质子和中子，随后质子和中子形成像氘、氦3和氦4这样的轻原子核。（最后这个过程与在太阳中心和氢弹中心所发生的情形非常相似。）几分钟后，这个炽热、致密、高压锅式的宇宙急剧冷却下来，不能够再形成重原子核。质子和中子也不再有充足的能量相互碰撞而结合在一起。大爆炸几分钟后，核合成过程停止了。氢原子核还是氢原子核，氘原子核还是氘原子核。宇宙中几乎所有的物质，如一杯自来水中组成氢原子的质子和电子，都与它在大爆炸后最初瞬间形成时完全相同。[1]

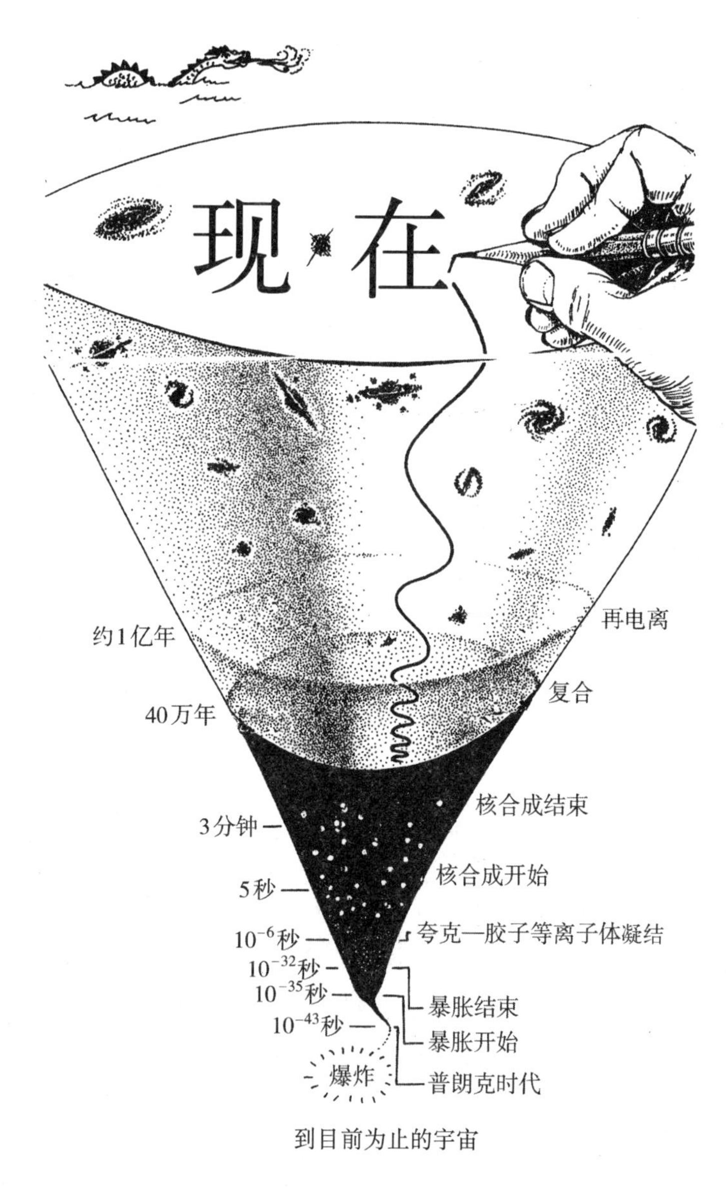

到目前为止的宇宙

对核合成来说，因为宇宙变得过于寒冷，用不太严谨的话来说就是，因为宇宙只有几千摄氏度，所以氢、氘、氦 3、氦 4 以及其他原初化学元素的数量都被冻结了。不过，对于普通原子，即我们日常生活中遇到的那些原子的形成来说，这个温度实在是太高了。

原子分为两部分。原子核由质子和中子组成（氢除外，氢没有中子）。原子核的质量相对比较大，因为质子和中子是重粒子。电子是非常轻的基本粒子，围绕着原子核运动。电子通过电磁引力与原子核束缚在一起，正如月球由于引力与地球束缚在一起一样。然而，在炽热的早期宇宙中，能量实在是太高了，使得电子无法与它们的原子核束缚在一起。辐射、极高能量的光，无处不在。这些光子，阻止了电子与原子核的结合。早期宇宙是明亮耀眼的。光子四处流窜，每当电子要与原子核结合时，光子就会撞击它，把它撞得到处乱飞。在电子能够固定下来，以便与原子核结合在一起从而组成原子之前，宇宙必须得冷却下来，光子的撞击必须变得不那么猛烈和密集。

此前我们已经两次讲到过这种凝结过程。大约在大爆炸百万分之一秒后，宇宙冷却到足够让自由态夸克结合在一起，并从夸克—胶子等离子体中形成质子和中子。几秒钟后，这些质子和中子冷却到足够程度，于是**它们**就能够结合在一起，再过几分钟，它们在核合成时代凝结成各种原子核。同样，宇宙最终会冷却到足够程度，使原子核与电子能够最后结合在一起，组成原子，这个过程称为复合。然而，这第三次凝结却让宇宙花了很长很长的时间，即大约 40 万年，才让温度降到复合出现所需要的 3000 度。

在大爆炸几分钟后到 40 万年后的复合期之间的这段时间里，原子的核——质子和中子——没有与轻的、带负电荷的电子束缚在一起。在这种状态下，物质的行为完全不同于我们在日常生活中遇到的固体、液体和气体的行为。在通常的物质中，任何一个特定的电子往往都与一个具体的原子束缚在一起；偶尔会有某个电子被撞击而成为自由态，但是很快它又会回到束缚态，并依附于其他原子核。然而，如果物质变得非常炽热，例如在早期的宇宙中，电子就与它们的核组成了一种杂烩浓汤。没有一个电子是与某个原子核束缚在一起的。这就使这种高能物质完全不同于固体、液体或者气体。科学家把这种状态称为等离子体。[2]

等离子体具有某些有趣的性质：它们像金属一样能够导电且不透光。（实际上，金属的结构允许原子核共用电子，所以金属和等离子体具有某些相同性质。）任何一个闯入等离子体的光子，都无法穿行很远。它会很快被散射，或者被电子和原子核吸收。[3]因此，在复合之前，在电子依附于自己的原子核之前，光子不可能穿行非常远而不与电子发生碰撞。每个光子都一再被散射；宇宙对于辐射来说是不透明的，宇宙不让光子自由传播。光被囚禁在物质的牢笼中，整个宇宙就是一种得花成千上万年才能冷却下来的翻腾不息且不透明的东西。

突然，大爆炸 40 万年后，复合出现了。共同相处了不知道多少年的电子与原子核，决定一起安顿下来。由于电子与原子核束缚在一起组成了原子，光子便从自己的物质牢笼中被释放出来。不透明的宇宙突然间变得清澈了。光子在最终的散射之后，便自由地向四面八方飞驰。

当彭齐亚斯和威尔逊探测到宇宙背景辐射这种出现在各个方向上的神秘的“静电干扰”时，他们实际上看到的是**最后散射面**，即让光在释放之前最后一次散射的等离子体云的模糊图景。天上的静电干扰的确是在复合期间释放的辐射，在 140 亿年间，它不断伸展并弱化。

这种宇宙微波背景是天文学家见到的最古老的光。它从四面八方包围着我们，我们被围困在这堵火墙内。这个背景辐射，就是宇宙火墙的影像。

宇宙微波背景使科学家第一次直接看到大爆炸后立即出现的后果，它证实了大爆炸理论，并且否定了稳恒态理论。虽然大爆炸故事中的其他阶段在本书后面章节将会很重要，但是复合期对我们了解宇宙的起源也是必不可少的。宇宙火墙记载着关于宇宙开端的线索。但是多年来，科学家却看不懂那些线索。

问题在于，宇宙微波背景是喃喃低语，是逃出物质牢笼的极其明亮的光的微弱回音。最初，它是极高能的 γ 射线，这种光不断地伸展并丧失能量。很快它就暗下来，冷却下来，变成 X 射线，然后变成紫外光，接着变成可见光，最后进入光谱的红外和微波范围。地球上的观测者很难收到微波，因为地球上的一切（包括望远镜），都辐射微波，淹没了来自 140 亿光年以外的信号。[4]

每个物体都有温度。从某种意义上说，温度是对物体中原子振动的一种量度。每种具有温度的东西都会发光。当突击队员戴上夜视镜时，他们就是想检测到温热目标（例如人）发出的光。生物体往往在红外光谱范围内产生强辐射，这样，夜视镜就能探测到。较热物体辐射出较多光能。当我们看见火山岩浆发出红光，或者一根铁条发出炽热的白光时，我们就是发现了从那些热物体发出的波长较长的可见光。它们非常热，无需夜视镜在黑夜里就能看见。反过来说，比较冷的物体，如一块冰或一盆液态氮，辐射出的能量较少——几乎没有可见光，只有很少的红外能。它们也辐射微波，但是，微波的能量比红外光的能量还要少。

温度决定了一个物体辐射光的量值与种类，这种关系由黑体光谱表征。黑体是一种理想的物体，不反射任何光，却吸收光，把光转变成热，然后再以光的形式释放出来。（这个名字有些费解。黑体不见得是黑色的；如果黑体足够热，就能发出白光。）黑体只依据温度来释放能量，如果我们测量来自一个黑体的光，我们就可以计算出它的温度。最后散射面（即产生宇宙背景辐射的等离子体壁），表现得极像黑体。经过百十亿年的扩展，这个黑体辐射看上去好像来自一个温度仅为 2.7 开尔文的物体。几乎宇宙中的一切——发光的铁条，人，冰块，甚至地球本身——所发出的微波，都足以淹没这个信号。

因此，为了找出宇宙微波背景，科学家必须屏蔽周围所有能够发出类似信号的物体。这种测量难度很大，所以，头 10 年的宇宙背景测量结果，除了告诉我们这种辐射的温度是 2.7 开尔文之外，几乎没有提供任何别的信息。科学家辛辛苦苦地工作了 25 年，才证明这一背景辐射具有黑体光谱。他们的探测器本来就不算好，不能以所需要的精确度进行测量。然而，即使实验困难重重，理论学家却捷足先登，预言了宇宙微波背景会告诉我们些什么，而这些原本只能是在我们有了足够灵敏的仪器后，才会知道的东西。（实验信息不足，永远都不会阻止一位优秀的理论学家进行预言。）因此，关于宇宙微波背景，有许多事情值得一说。

首先，初期宇宙并非一团均匀的等离子体云。在某些地方，发光的等离子体较厚较密；而在另外一些地方，则较稀较薄。当宇宙膨胀之时，较为厚密的那些物质，在自身引力作用下坍缩，形成星系和星系团。另一方面，随着宇宙的扩大，较薄的那些区域则越来越稀疏，在星系团之间形成泡泡状巨洞。这种等离子体中的厚区和薄区——原初宇宙中的质量起伏——应该在宇宙背景辐射中留下印记。这就意味着，来自宇宙空间边缘模糊的微波辐射里，应该含有关于充满宇宙的物质和能量的信息。

20 世纪 70 年代早期，泽利多维奇（Yakov Zel’dovich）和其他物理学家对宇宙背景辐射进行了研究。也许，他们最重要的发现是，在复合前的宇宙中，光与物质处于沸腾和振荡状态，这本应使得宇宙背景辐射起伏不定而非平平坦坦。来自天空各处的嘶嘶声不是均匀的，质量的起伏将导致某些区域的嘶嘶声较强或“较热”，另一些区域的嘶嘶声较弱或“较冷”。较热的区域正是等离子体云特别密集的地方，而较冷的区域则是等离子体稀疏的地方。由于天文学家对希腊文字的偏爱，所以宇宙背景辐射中的这种不均匀性被称为“anisotropy”（各向异性）。[5]从理论上说，通过对各向异性这个性质的分析，科学家就能知道在早期宇宙中存在何种物质和能量。然而，在 1990 年以前，宇宙学家一直没有看到任何各向异性现象的证据，他们的仪器根本不行。仅仅使用那些粗糙的望远镜，他们是无法看到宇宙之墙上的任何警示的。

然而，到了 1990 年，一颗叫做“宇宙背景探测器”（COBE）的人造卫星，开始在离地球很远的轨道上运行。“宇宙背景探测器”留在宇宙的虚空中，以液态氦冷却，并且屏蔽了来自地球和太阳的辐射，尽管它还不能描绘出宇宙背景辐射各向异性的详细情形，但是它第一次发现了这种现象。这就如同我们听见从远处传来微弱的、断断续续的音乐声，但却无法说出曲名一样。这种各向异性非常轻渺。设想一下自己混在一群 6 英尺（约 1.83 米）高的人中间。如果宇宙微波背景是各向同性的，就好像这些人的身高完全相同，而各向异性就会在人与人的身高之间，显示出一点点差异。“宇宙背景探测器”发现的宇宙背景辐射各向异性，可以比作一大群身高 6 英尺的人，其身高差异是一根头发直径的四分之一。尽管这种各向异性如此之小，

“宇宙背景探测器”还是证实了它的存在。（这颗人造卫星还证实了宇宙微波背景看起来好像是由一个黑体发射出来的。）不过，“宇宙背景探测器”就像那个同一时期进行的不太为人所知的气球实验，除了探测到各向异性现象之外，无法做更多的事。它无法作出详细描述。“宇宙背景探测器”已经证实了宇宙之墙上写满了字迹，但它却看不清楚。宇宙学家极想了解隐藏在那些字迹中的秘密。

古希腊哲学家认为宇宙弥漫着音乐声。他们认为，人是听不见天穹之乐的，因为我们的世界是由不同于天上的物质组成的。在禁欲的基督教思想家心目中，凡间已被原罪的不纯洁玷污了。我们世俗的感官无法识别天堂的和乐。失明的弥尔顿曾说，如果我们听得见天穹之乐，那么时光就会倒流，我们就会看见伊甸园和宇宙的辉煌时代。从某种意义上说，弥尔顿说对了。

泽利多维奇和其他物理学家认为，早期宇宙发出像铃声那样的声音，多年来宇宙学家不遗余力地倾听这古老的天穹之乐，但是都白费力气。宇宙背景辐射是来自某个时代的一种回音，在这个时代，整个宇宙就是一件庞大的乐器，发出来自大爆炸的声音。当我们终于让自己的感官敏锐到能够听见那个天穹之乐的程度时，它就会把我们带回宇宙的初期。

当我们听见远处教堂里的钟发出的隐隐约约的叮当声时，说明我们的耳膜正在接收空气压力的微微波动。当用钟锤撞击钟的时候，金属的钟以特殊方式发生振动，振动的情况取决于钟的大小、形状和材质，以及种种其他因素；这些特性决定着钟将发出何种音调。转而，振动着的钟又将引起周围的空气来回晃荡，产生**压力波**。当钟推动一团空气时，就是对空气进行压缩，使它比周围空气多少变得更稠密些。然而，当空气受到压缩往外推挤时，空气分子之间的撞击更加频繁。转瞬间，这种压缩——**超压**——将自身吹散，因此，这个空气团便变得没有周围空气那么稠密，而成为一种**负压**。接着，其他空气会很快填满负压部分，又变为超压……就这样，钟使空气在超压和负压之间振荡。我们的耳膜被超压向内推，又被负压往外拉，然后大脑把耳膜的振动转变成我们听到的声音。例如，当空气使我们的耳膜每秒大约来回振动262次时，我们听到的就是中央C音；振动越快，我们听到的音调越高。

不过，乐器不止是一种音调。小提琴、单簧管以及人的声音尽管都能够产生同样的中央C音，但是我们的耳朵却能够分辨出这三种声音的差别，这是因为它们产生的不是纯音。当小提琴演奏中央C音时，空气除了每秒振动262次以外，还以其他频率振动。（纯音更像音叉发出的声音或者计算机的嘟嘟声而非乐器声。）小提琴有特殊的结构，以复杂的方式振动。小提琴的中央C音不仅仅包含262赫兹的基本频率，它还有许多高频泛音：524赫兹、786赫兹、1048赫兹，以及无数其他泛音。[6]所有这些泛音的相对强度以及其中的杂音，是造成大提琴的丝丝饮泣声、长笛尖细的口哨声，或者远处击鼓的低沉隆隆声的主要原因。敲击我们耳膜的各种振动，是关于发出这一音符的乐器的信息编码。

同样，早期宇宙的振荡也是关于初期宇宙性质的信息编码。实际上，那些振荡酷似声波，因此科学家把它们叫做声振荡。不过，那些振荡比一般的空气波的振荡规模更加宏大。整个宇宙就是我们所知道的最庞大的乐器，而宇宙微波背景正是它的遥遥回音。

正如声波是空气交变的压缩和稀化一样，早期宇宙中的声波就是复合前宇宙中等离子体的压缩和稀化。这些波的形成，是因为原初等离子体中的物质受到两种争斗的力的作用。首先是引力。虽然引力是一种相对比较弱的力，但是它总是设法要把物质聚成一团。如果引力是宇宙中唯一的力，那么宇宙中的每一点儿物质都会堆到一起，形成一个极为庞大的巨块。值得庆幸的是，还有别的力与引力抗衡。在早期宇宙中，一种重要的力就是**辐射压**——光子对等离子体施加的一种力。

前面说过，等离子体中的电子与原子核是自由浮动的，而光子在等离子体中不能穿行很远，它很快就会撞击到一个粒子并把它散射出去。从电子的角度看，那是个十分不舒服的地方。电子不断地受到光子的撞击，被左右夹攻。当电子受到光子撞击后，它得到一个反冲力，使它向相反方向反冲。结果是，光子将电子推出——辐射对物质施加了压力。正如引力设法把粒子拉在一起一样，等离子体中的强光将粒子彼此分开。物质团越热，释放出来的光子就越多，辐射压就越强，就会越卖力地把物质团驱散。

引力和辐射压这两种对抗的力，引起原初等离子体以如下方式振荡。设想一下在早期宇宙中有一小片原初等离子体云，当引力在这个物质团中占优势时，物质团便开始收缩并发热。[7]物质团释放出更多的光，辐射压增强。很快，光向外的推力与引力向内的拉力相等，接着，向外的推力胜过引力，迫使物质团膨胀。膨胀的物质云冷却下来，产生的光减少。辐射压减弱，引力再次占据上风。从宇宙最初时刻开始，物质团就发生了振荡，在这两种相抗衡的力的作用下，收缩着，膨胀着。

大爆炸 40 万年后，复合突然结束了这场拉锯战。电子终于和原子核结合在一起，等离子体成为一种透明的气体。光子现在可以畅通无阻地通过气体而不再经常起散射作用，因此它们不再把能量转移给

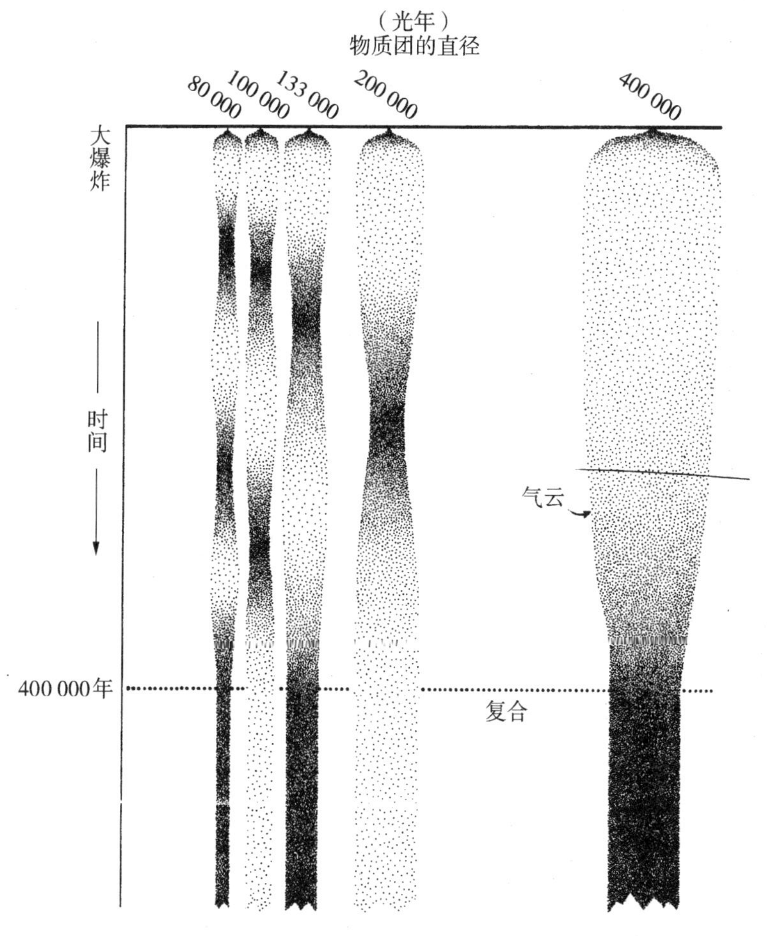

声振荡：复合前气体如何膨胀和收缩

原子，不再可能通过辐射压击打原子。引力终于占了上风，大的物质团结合起来，组成星系团、星系、恒星，以及行星。尽管在复合的那一刻声振荡停止了，但是到了 20 世纪 70 年代，宇宙学家认识到，早期宇宙中的那些振荡会引起宇宙背景辐射中的各向异性现象。在复合的那一刻，众多物质团正处在坍缩和膨胀的不同阶段。一些物质团完全坍缩，正要再次膨胀；它们炽热而稠密，辐射出耀眼的光芒。另一些物质团完全膨胀，正要再次坍缩；它们冰凉而稀疏，发出暗淡的弱光。大部分物质团则处在中间状态。然而，还有一个形成声振荡（和宇宙背景辐射中各向异性）的因素，它是了解宇宙的一件十分有力的工具：这就是光速。

根据爱因斯坦的相对论，我们不能够以超过光的速度传送任何种类的信息——除非经过了光穿越我们和很远处的物体之间的距离所需要的时间，否则我们是无法影响那个物体的——不管我们多么卖力。我们离太阳有8光分，所以，如果有一个像卢瑟（Lex Luthor）* 那样的邪恶天才，设法在瞬间让太阳消失，那么我们这些地球人在8分钟之后才会受到影响。在这幸运的毫不知情的8分钟内，我们仍然看得见太阳在天上照耀，地球仍然能感觉到这颗恒星的引力，继续在轨道上运行，并不知道太阳即将消失。根据爱因斯坦理论，引力也是以光速运动的，既然光从太阳到地球需要8分钟，那么从太阳到地球的引力影响也一定需要8分钟。

把这个想法用于早期宇宙，就会得出一个有趣的结果。当复合发生而声振荡停止时，宇宙的年龄只有约40万岁，所以，任何原子只能感受到以它为中心，半径为40万光年范围内物质引力的影响。对于这种振荡来说，超过此距离（我们银河系宽度的若干倍）的物质，可以认为并不存在；在40万光年之外的物质不可能影响该原子。（从物理学上说，原子与40万光年之外的任何东西没有“因果联系”。）这就是说，在自身引力下坍缩的一团物质云，必定有一个最大的范围，它大约是40万光年。如果大于此，那么更遥远处的那些零零散散的原子根本不可能受到这一物质云某些区域引力的影响。换言之，坍缩的物质团有一个最大尺度，宇宙背景辐射中的热斑，在天空中

---

* 卢瑟：超人少年时代的好友，后来的死敌。——译者

不能超过某个特定直径。普林斯顿的皮布尔斯 (P. J. E. Peebles) 经过计算认为，那些热斑在尺度上应该是 1 度左右，约为天上满月的两倍宽。

在复合到来前，这些最大尺度的物质团一定恰好有足够的时间坍缩。因此，它们发出比自己周围环境更热的光，而 140 亿年之后的天文学家应该能够在天上找到这些散碎的热区。不过，并不是所有物质云都像最大的团块那样大。有些团块小一些，大约是最大团块的一半大。这些团块用一半的时间坍缩，大约用 20 万年时间达到最大密度。然而，由于离复合还有 20 万年，所以，事情到此还不算完。当这种较小的物质云坍缩至极限时，它发出热，辐射出大量的光。而那种强光又会将物质驱散，迫使这个云团再次膨胀。随着这个云团的增大，被辐射压驱散，它又会膨胀至恰好复合期来临时的最大尺度。由于这些云团很稀疏，它们就会比周围的物质冷——这些一半尺度的物质云，就会在宇宙背景辐射中呈现为冷斑。再小一点的团块（约为最大云团尺度的三分之一），它们会有时间在复合前的 40 万年期间坍缩，再膨胀，然后再坍缩。在复合时期，这种尺度的物质云会彻底坍缩——有最大密度——因此它们是天空中的热斑。

理论家认为，宇宙背景辐射应该布满热斑和冷斑——“最基本的”热斑应该在 1 度左右，还有 1/3 度、1/5 度之类的热斑“谐波”。此外，还应该有 1/2 度、1/4 度之类的冷斑谐波。对宇宙学家来说，热斑在图表中是峰，冷斑是谷。皮布尔斯对那些峰和谷进行过计算；第一个峰，即最基本的、最大尺度的物质云，应该在 1 度处；第二个峰应该在 1/3 度处，等等。然而，在那时，没有人有办法测量如此细微的特征。“宇宙背景探测器”的视野只能看到跨度大于 7 度的范围，而那些最大的热斑仅有 1 度宽。更糟糕的是，天文学家不能肯定

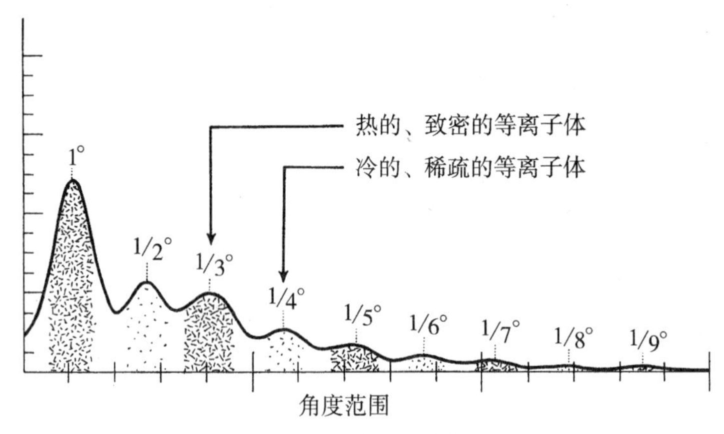

宇宙背景辐射功率谱中的峰与谷

那些峰和谷是在它们应在的位置上，因为时空性质本身会使天文学家的视野失真，使这些特征更加难以看见。

宇宙学家不得不在“宇宙背景探测器”之后再等了 10 年，才看到了宇宙背景辐射中的第一个峰。那时，他们终于得以肯定了宇宙的最终命运。

在南极夏天永昼中，埃里伯斯（Erebus）* 火山并非像它的名字所暗示的那样令人胆战心惊。白雪皑皑，云雾缭绕，它威严地耸立在严寒的荒原上。然而，对于宇宙学家来说，它只不过是他们所见过的最激动人心的照片上的一件道具，一张 2000 年 4 月由“毫米波段气球观天计划”实验组发布的合成图像上的配角而已。宇宙背景辐射，以不同层次的令人迷幻的蓝色叠加在天空中，裹住了苍穹。多年来始终无法得见的微波背景中的那些热斑和冷斑，第一次向人类展现出它们的真容。宇宙的命运就写在天上，如今宇宙学家终于能够认出这些

---

* 埃里伯斯是希腊神话中的黑暗女神。——译者

宇迹了。

第一台有足够精密度从而看得见宇宙背景辐射中的热斑和冷斑的仪器，是一架看上去有些笨拙的望远镜，属于“毫米波段气球观天计划”。1998 年夏，这架望远镜被吊在寒冷的南极上空的一个巨大氦气球上。在南极工作，既费用昂贵又困难重重，更不用提有多冷了。然而，有两个重要原因吸引着这个实验组（由 36 位科学家组成的国际合作组）向极地挺进。南极洲是地球上最冷的地方，因此，释放的能量最少——南极洲地面辐射的微波最少，而这种微波能够淹没来自宇宙最遥远处的微弱信号。仪器越冷，周围环境越冷，就越有机会看到微波杂音微弱嘶嘶声中的微小波动。此外，还有一个原因，那里有一种怪异的气流，使南极洲成为宇宙微波背景测量的理想实验场所。在南极洲盘旋着一种气流。如果你站在合适的地方，向大气层放飞一个气球，这个气球就会顺着风，围绕着极地盘旋，一个多星期后，它会回到放飞点。该实验组的科学家正是这样使用自己的望远镜的。

“毫米波段气球观天计划”的望远镜是一种极为灵敏的仪器，专门设计用来接收来自天空的微波辐射，而不会把它与来自地面或者甚至仪器本身的能量混淆。这部仪器收集来自天空的光，并把它导向一些小型**测辐射热计**，即使是来自微波天空的最微弱的信号，这种热传感器也能够接收到。这些测辐射热计悬挂在一张由细丝组成的“蛛网”上，以便隔热，使它们对微波光极为敏感。工作进行得非常顺利。

“宇宙背景探测器”的 7 度视野范围，过于粗糙，接收不到宇宙背景辐射中的微弱热斑和冷斑信号，“毫米波段气球观天计划”使用的望远镜却可以分辨小到 1/3 度的斑块。科学家不再戴着毛玻璃制成的眼镜看宇宙背景辐射了。他们开始读懂了墙上的警言。这个警言不仅告诉我们宇宙的命运，还让我们得以知晓宇宙的形状。

不错，是形状。虽然讨论宇宙的形状似乎与琢磨宇宙的气味同样荒谬，但是对数学家和物理学家来说，却是很有意义的。广义相对论方程把空间和时间比作柔韧的结构，有点像橡胶垫。数学家有一套工具，用来描述弯曲的、有弹性的对象。他们创立了一个被称为微分几何的研究领域。微分几何允许数学家研究空间中的曲线和曲面，允许他们分析诸如曲率和挠率这些描述空间某个对象性质的量。虽然“橡胶垫时空”看起来好像是一个人为的结构，但是，当我们掌握了对它进行研究的工具之时，它就成了一种十分自然而有威力的思想。

爱因斯坦的主要见解（那个构成广义相对论基础的思想）就是，空间和时间在数学上表现得像一个光滑曲面。这就产生了几个重要结果。首先，它解释了引力来自何方。像我们的太阳这样沉重的天体，使时空结构失真，略微使之弯曲，就像垫子上的一个保龄球一样。如果你再在垫子上放一个玻璃球，由于垫子的弯曲，玻璃球就会滚向保龄球。同样，如果你在太阳附近放置一颗小行星，小行星就会落向太阳，因为时空曲率迫使小行星朝那个方向运动。

为什么是空间和时间，而不只是空间呢？爱因斯坦认识到，我们每天在三维空间的运动（上下、左右和前后），也影响了我们通过第四维（即时间）的运动。例如，如果你在太空中运动得非常非常快，那么相对于你在地球上的钟表，你的手表就会走得非常非常慢。虽然空间和时间具有略微不同的数学性质（我们的四维宇宙具有三个“空间”维度和一个“时间”维度），但它们是不可分的。影响空间自然就会影响时间，反之亦然。因此，从数学意义上说，它们是交织在一起的。

由于空间和时间就像一种结构，所以，时空就会在局部有曲率，就像由太阳引起的弯曲一样，或者说，整个宇宙就会在“全球范围”有一个曲率。[8]这有点像我们自己的地球。从局部来说，地球表面有山峰和山谷，起伏的山峦和裂沟，小山丘和小片草地等，这些都会影响地球表面的一小片地区。然而，如果我们冲出地球，在一定距离之外，我们看到的地球是一个球体，尽管到处有弯曲，但是在小距离上几乎感觉不到。宇宙作为一个整体，也是这个道理。从局部来看，时空结构可以是平坦的，也可以有涟漪；它甚至还能够有极大的、看起来是无底的深渊。但是宇宙作为一个整体，也是有形状的。它可能是平直的，也可能像球一样具有**正曲率**，或者像马鞍一样具有**负曲率**。所有这些形状都是在四维空间中的形状，当然，看到这些形状非常困难，即使经过训练也不行。然而，三维的说法——一个平面，一个球体，或者一个巨大的马鞍——则是我们的四维宇宙中正在发生的情况的近似推理。

根据广义相对论方程，宇宙的形状与宇宙所包含的那些“材料”（即物质和能量）的量，是紧紧联系在一起的。爱因斯坦的方程说，物质使时空结构弯曲，从宇宙整体来说，宇宙中的物质越多，弯曲得就越厉害。如果物质量超过了临界值，那么宇宙就呈正曲率，像一个球。如果小于这个临界值，那么宇宙就呈负曲率，像一个马鞍。如果宇宙中“材料”的量，不多不少恰好平衡了正负曲率，那么宇宙就是平直的，像一个平面。科学家用 Ω 这个符号，来代表宇宙中“材料”的量。Ω 的大小决定着宇宙的曲率；如果它在**临界密度**以下，即 $\Omega<1$，那么宇宙倾向于呈现负曲率，形状就会像一个马鞍。如果 $\Omega>1$，那么曲率往往会是正值，宇宙就会有一个像球一样的表面。如果 $\Omega=1$，那么宇宙就会十分平直，像一个平面。

Ω 这个符号的选择，是一个十分有倾向性的选择，因为宇宙的曲率与宇宙的命运有关。Ω（奥米伽），这个希腊字母表中的最后一个字母，象征着万物的结束，正像A（阿尔法）象征着万物的开始一样。Ω是对宇宙中“材料”的测量，也就是对组成宇宙的物质和能量的测量，它决定着这场永恒战争胜利的归属：这是膨胀和收缩之间的战争，是永远增大的宇宙和在自身重力下坍缩的宇宙之间的战争。正因为Ω决定着宇宙的曲率，所以它关系到宇宙如何死亡。如果它低于临界密度，即$\Omega<1$，那么就不会有足够的“材料”抵消宇宙膨胀，宇宙就会无止境地膨胀下去，最后死于冰寂。如果$\Omega>1$，就有多余的“材料”克服原初爆炸力，宇宙膨胀就会停止并逆向发展，走向炽热的大挤压。$\Omega=1$的情况很特殊：由于膨胀从未真正停止过，宇宙将死于冷寂。[9]

曲率、宇宙中“材料”的量以及宇宙的最终命运，都是相互联系的。[10]决定了其中之一，就能预测其余两个。而宇宙背景辐射给了宇宙学家一个直接测量宇宙曲率的方法。

爱因斯坦的广义相对论说，光并不一定以直线方式传播；相反，它沿着被称为测地线的时空曲面轮廓传播。在一个平面上，测地线正巧是直线。这就是说，两只在平行线上爬行的蚂蚁，相隔的距离永远相同。同理，在平直宇宙中，两条平行光线在向着一个观测者靠近的过程中，相隔的距离总是相等的。但是在正曲率的曲面上，**平行**这个词已没有任何意义。球面上的测地线是大圆弧，就像经度线。如果北极的两只蚂蚁开始顺着经度线往下爬，它们开始出发时彼此距离是几英寸，最后两者却相隔甚远。在一个正曲率宇宙中，这种结果使远距离物体的表观尺度失真；从某种意义上说，迎面射来的光线会分散开来，所以物体比平常看起来大。而在呈负曲率的曲面（如马鞍形）上，情况正相反，远处的物体看上去比平常小。

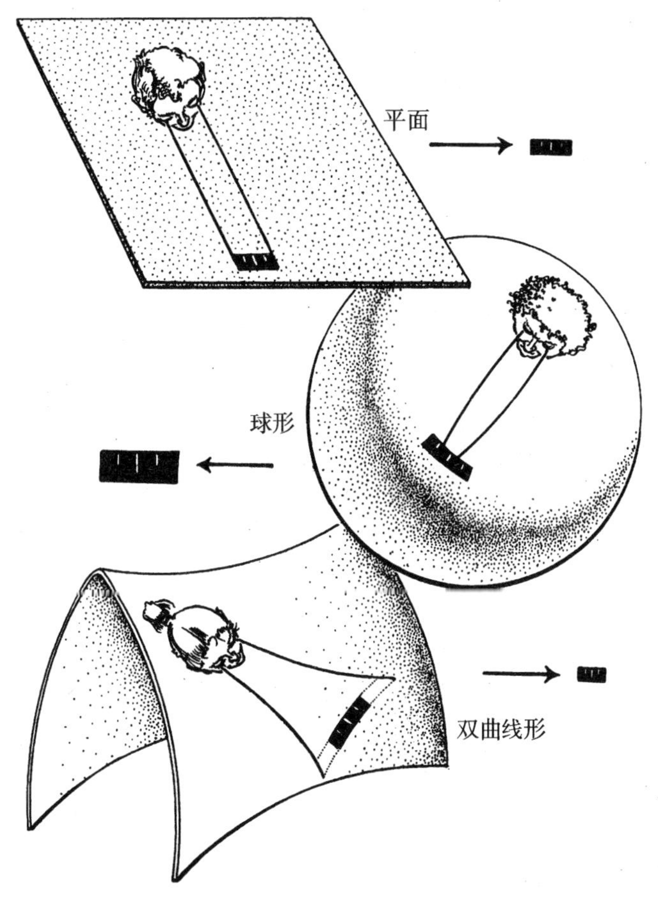

时空曲率如何使远处物体的图像失真

这就提出了一个计算宇宙曲率的办法。我们所需要的，就是一个标准尺度。取一个已知尺度的天体，将它置于极远距离处，即宇宙的另半边，比较它的表观尺度和我们对它的预期尺度；如果它看起来小于我们所预期的尺度，那么宇宙就是马鞍形的。如果大于我们所预期的尺度，那么宇宙就有正曲率；它的形状就像一个球。唯一的窍门就是找到那个标准尺度。

“毫米波段气球观天计划”的望远镜所做的正是这件事。宇宙微波背景上的最初热斑就是标准尺度。根据在大爆炸和复合期之间40万年中光能够传播的距离，理论家准确地知道这些热斑应该有多大。这些热斑实际上就是天文学家所见到过的最遥远天体上已知尺度的斑痕。由于这些热斑的尺度已知，所以它们就成了标准尺度。如果宇宙是平直的，理论家预期那些斑块应该是1度宽。如果宇宙弯曲得像一个球，那些斑痕看起来就会比所预期的大，宽度是1度半或2度。如果宇宙的形状像马鞍，那些热斑就会比预期的小，宽度是2/3度或1/2度。

热斑基本上正如理论家所预期的那样大：1度宽。这就是说，来自遥远宇宙的光并没有因时空形状而失真；宇宙既没有弯曲得像一个球，也没有弯曲得像一个马鞍。“毫米波段气球观天计划”的数据有力地证明了宇宙没有曲率。这个世界或许是圆形的，但宇宙是平直的。

这对超新星追踪者的结论是有力的支持。从数学上说，一个平直的宇宙倾向于永远膨胀。超新星数据也表明，因为膨胀越来越快，而不是越来越慢，所以宇宙将永远膨胀下去。这两个结果使用不同的技术，互相印证，对于怀疑其中一个结果的科学家来说，几乎没有留下任何余地。宇宙学家不得不点头称是。在人类历史上，我们第一次知道了宇宙将如何终结。自人类文明诞生以来的那些折磨着哲学家的若干问题中，有一个问题已经得到回答。现在我们几乎可以肯定，宇宙将会死于冰寂。

然而，在平直宇宙确定了宇宙命运的同时，它也使超新星追踪者造成的难题复杂化。当超新星追踪者看到宇宙膨胀越来越快时，他们认识到，如果不假设存在着像宇宙学常量 Λ 这样的某种斥力，就没有什么现成的办法能说明那种加速。这是一个引人注目的结论，很多科学家认为，超新星数据肯定有什么地方搞错了。然而，“毫米波段气球观天计划”对宇宙形状和 Ω 的测量，表明超新星数据是正确的。对 Ω 的测量是一次普查，是对宇宙中“材料”量值的一次测量——对所有物质和能量的一次测量。“毫米波段气球观天计划”的数据只能表明，除了物质之外，宇宙中还存在别的东西；这些东西肯定在使宇宙变得平直。宇宙学常量 Λ，或者某些其他形式的神秘“暗能量”的存在，看来都记载于宇宙之墙本身，不容视而不见。科学家必须承认，宇宙中绝大多数物质是科学所不了解的。而仅仅在5年前，还没有人梦想过宇宙学能够达到这样一种水平。第三次宇宙学革命已经全面展开。

第六章
暗宇宙：物质出了什么事?

啊，先出现了光，还有你那了不起的诺言，
“让光在那里，光就照亮了一切”；
为何我就这样失去了你原有的裁决?

——弥尔顿，《力士参孙》(*Samson Agonistes*)

宇宙学已经进入了一个有着惊人精确测量方法的时代。宇宙学家不再满足于对宇宙基本性质的粗略估计；他们可以遥望天空，对宇宙进行极其精密的测量。然而，这种精确度却创造出一幅纷乱而又出人意料的宇宙图景。芝加哥大学的宇宙学家特纳（Michael Turner）说：“这是一个荒谬绝伦的宇宙。”

这种荒谬性隐藏在一个简单的符号 Ω 中，即宇宙中物质和能量的总量中。[1]宇宙学家和天文学家借助新的、高精度的工具，对 Ω 进行了第一次测量。科学家细致入微地查明了宇宙的组成，了解了它是如何诞生，又将如何结束。这些答案令人费解，并促使科学家重新考虑自己关于宇宙性质的理论。

超新星数据和宇宙微波背景数据表明 $\Omega=1$，因而宇宙是平直的，并且会永远膨胀下去。这一方面是宇宙学的一次重大胜利，另一方面又提出了一个不容忽视的问题，因为一看就知道，没有足够的物质来形成一个平直的宇宙。

Ω 有两个组成部分：物质和能量。对物质部分的判断应该相对明显，长期以来科学家一直在研究物质的性质，而且布满天空的恒星和星系都是由物质组成的。然而，宇宙学家即便把所有能够看到的物质都加在一起（甚至把最强大的望远镜可以看到的所有星系中的一切都加在一起），这些东西还是太少，根本不足以使 $\Omega=1$。因此，只要相信宇宙背景测量的结果表明 $\Omega=1$，那么宇宙学家就不得不承认还有许多构成宇宙的东西他们尚不知晓。这便形成了一种十分尴尬的局面。

这种神秘性有两方面。超新星数据表明，有一种不为人知的力，或称**暗能量**——或许就是爱因斯坦的宇宙学常量——导致宇宙的膨胀越来越快。如果这还不算糟糕的话，那么，宇宙的新图景也暗示我们，一种令人不解的、看不见的物质成分（即**暗物质**），与宇宙演化过程有很大关系。没有人见过暗物质，也没有人在地球上的实验室中曾经捕捉到暗物质。没有人真正详尽地知道暗物质的性质是什么。然而，大多数宇宙学家完全相信暗物质和奇异的反引力的暗能量都存在，而且影响着宇宙。更麻烦的是，他们断言，暗物质大大重于宇宙中的普通物质，即那些组成恒星、行星和人类的物质。

所有的天文测量，包括对宇宙背景辐射的测量，对星系分布的测量，对遥远超新星的测量，对深空中不同种类物质比例的测量等，看起来都与这个宇宙图景一样难以理解，并促使宇宙学家接受这样一种观点：2/3的宇宙是不可见的，宇宙的绝大部分是由人类从未见过、也从未测量过的物质组成的。日益清晰的宇宙肖像，似乎已经由一位超现实主义者绘制出来。特纳说："也许我们是由恒星上的东西组成的，但宇宙不是。"

说到这里，读者可能会非常怀疑我所描绘的宇宙图景，这很正常。优秀的科学家是不会只根据信念来接受一种言论的，读者也一样。然而，宇宙学家逐步接受了宇宙的这幅新图景，而我将追溯他们的历程，以便使读者信服。

奥米伽将是我们的向导。我们要逐项研究 Ω 的每一个组成部分。第一个部分就是物质。物质是暗宇宙的面孔。

物质的故事几乎与宇宙本身一样古老。就在核合成之前的那个阶段（该阶段大约开始于大爆炸后百万分之一秒，只持续了几秒钟），宇宙中布满了质子和中子，它们运动得非常快，无法待在一起。这些粒子相对于亚原子粒子来说比较重，被称为**重子**（baryons）。[2]日常生活中我们遇到的几乎所有物质，那些组成地球上的物体的物质，大多数都是重子性的，因为它们主要是由质子和中子构成。（轻电子对于地球上全部物质的质量影响非常小。）大爆炸之后几秒钟，宇宙冷却到一定程度，这样质子和中子就能够相互粘连在一起。核合成开始了；有些质子和中子碰撞，并结合在一起，形成重于氢的元素，例如氦。

每个原子的核都是由质子和中子组成的，除了最简单的原子（即氢），其原子核只有质子。质子极其稳定，因此它能永久保持而不分裂。[3]然而，中子就远远没有那么稳定了。顺其自然，它会在大约15

分钟内衰变，变为（稍轻的）质子，并释放出一个电子。如果在大爆炸后很短时间内产生的中子没有机会撞上一两个飘忽不定的质子，那么就根本不会有中子存在；宇宙中所有的重子就都只是质子。于是，所有在大爆炸后瞬间产生的重子物质——“原初”重子物质——将都是氢。但是，情况并非如此。宇宙中大约 25% 的原初重子物质看来是氦。

核合成使中子绝处逢生。当一个中子撞上一个质子时，两者便结合在一起，形成一个比较重的核，也就是氘。虽然氘十分脆弱，但是与一个孤单的中子不同，它并不随即衰变。由于氘很稳定，有些在核合成时代形成的氘至今仍然存在。因此，在原初重子物质中除氢外，还有氘。但是，核合成的故事到此并没有讲完。在创始的最初几分钟原子核的混战中，一个质子有时候会撞上一个氘原子核，形成氦 3。氦 3 再被另一个中子撞上，就变成氦 4。所有这些元素，还有更多元素，都是在核合成时期产生的。在那个时期，宇宙的炽热和致密足以维持核聚变。然而，大爆炸后几分钟，宇宙膨胀并冷却下来，这个熔炉熄火了。在质子、中子和新生的原子核互相碰撞时，不再有足够的能量结合在一起。游荡的质子或其他原子核不再能够接纳中子或质子；大爆炸核合成时代告一段落。宇宙中的原初重子物质便永久地固定下来，这其中大多数（约有 75%）是氢，而余下的几乎全都是氦，还有一些其他微量元素。

20 世纪 40 年代，伽莫夫指出，宇宙原初物质中氢对氦、氘以及其他元素的比例与早期宇宙中物质的密度有密切联系。[4]我们来想象一下，一方面，早期宇宙中的重子相对很少，在大爆炸核合成时代，重子之间的空间相对很大。假如是这样，那么质子和中子相互碰撞的可能性就很小，因为它们之间有如此广阔的真空区。这有点像是在阿拉斯加荒野中散步，你随机碰上另一个人的可能性非常之小，因为那地方根本没有多少人能让你碰上。因此，如果早期宇宙中重子的密度很小，那么质子和中子就不会经常相互碰撞，它们产生的氘和氦也会极少。当一位天文学家观察原初气云，这种飘浮在空荡荡星系间近乎最纯净的物质时，就会注意到，这种云几乎全部是由氢组成的；氦和氘极少，因为在核合成时期结束前，很少有这类物质形成。

从另一个极端说，如果早期宇宙中重子密度极高，如果质子和中子挤在一起，就像繁忙的东京地铁上的上班族一样，那么，它们就总是在相互碰撞。在温度下降太多不允许有任何进一步的凝聚之前，所有的碰撞会产生许多氘、氦、锂以及其他更重的元素。很多氢会转变成比较重的元素。这时候，在这个高重子密度的宇宙里，一位天文学家就会注意到，在这个原初气云中有非常多的氦和其他元素，而氢却较少。

伽莫夫意识到，这个逻辑能使聪明的天文学家通过测量原初气云中氢对氦和其他元素的相对量，计算出早期宇宙的状况。氢的比例大而氦的比例小，意味着早期宇宙中重子密度低；氢的比例小而氦的比例大，意味着重子密度比较高。伽莫夫知道，通过观察那些原初气云中氢对氦和其他元素的比率，宇宙学家在理论上能够计算出所谓早期宇宙的重子部分。

回想一下，Ω 这个符号描述的是宇宙中物质的密度。爱因斯坦的方程把物质密度与宇宙曲率联系在一起，所以按照惯例，宇宙学家把 $\Omega = 1$ 解释为宇宙中物质的密度恰好足以使时空成为平直的。如果 $\Omega > 1$，宇宙就呈正曲率，像一个球。如果 $\Omega < 1$，宇宙就呈负曲率，像一个马鞍。虽然初看起来让人觉得可能会混淆，但是宇宙学家仍用 Ω_b 代表 Ω 的重子部分。也就是说，如果宇宙中所有的物质

都是重子，那么 Ω_b就等于 Ω。然而，实际情况却是，宇宙中除了重子之外，还有更多的东西，因此，Ω_b 只是 Ω 的一部分。[5]在任何一种情况下，宇宙学家都能够通过观察原初气云中氢对氦 4 以及其他元素的比例，算出 Ω_b 是多少。氢很多，氦 4 很少，说明 Ω_b 很小。氢越少，氦 4 越多，Ω_b 必定越大。[6]

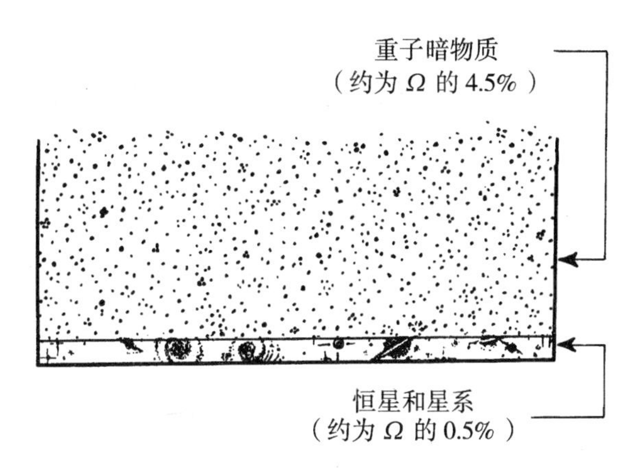

天文学家使用敏感的光谱仪来分析穿过原初气云的光，通过观测气体所吸收的光的“指纹”，他们能够计算出气云中各种元素的比例。多年以来，他们的测量结果越来越好，而且对那些气云中氢相对于较重元素的比例了解得十分清楚。根据那些测量结果，他们计算出 Ω_b 为 0.05 左右，即重子物质本身占了保持宇宙平直所需要的物质总量的 5%左右。

还有一个办法可以把宇宙中重子物质的量加在一起。重子物质是我们都已经习惯了的普通物质，原子、恒星、星系的物质，发出灿烂光芒的物质，全都是重子物质。因此，通过估算宇宙中有多少个星系，每一个星系又有多少物质，天文学家希望得出另一个总数。然而，这种办法得出来的数不够，差得很远。如果我们把宇宙中的可见物质全部相加，得出的值约为 0.005——大概只是我们根据大爆炸核合成所预期的十分之一。那么，怎样来解释这个差异呢？用暗物质来解释。

宇宙中大多数物质是暗物质——用望远镜也看不见的物质——这种想法当然令人心烦。我们又如何能够找到一种看不见的对象呢？然而，科学家是见过它的。科学家不是直接去寻找暗物质，而是通过暗物质所起的作用进行寻找。他们寻找暗物质的引力，即两个具有质量的天体彼此之间的拉力。

自 17 世纪以来，物理学家对引力已经十分了解。1687 年，牛顿的代表作《原理》(*Principia*) 就已经描述了万有引力，它经历了 300 多年，几乎未做任何修改。20 世纪初，爱因斯坦的相对论发展了牛顿的理论。但是，除了在极强引力场中的物体或者运动极快的物体之外，牛顿定律仍然近乎完美地描述了在引力场作用下的物体运动。

这些定律非常适用于我们的太阳系。如果你知道太阳系中天体的质量和位置，你就能计算出对任何天体的引力的方向和强度，以及这个天体会如何运动。[7]地球离太阳约 9300 万英里（约 1.5 亿千米），这就告诉我们太阳对地球的引力有多强，地球在自己围绕太阳轨道上的运动就必定有多快：大约每秒钟运动 18.5 英里（约 29.8 千米），与观测结果完全吻合。木星离太阳远得多，大约 4.83 亿英里（约 7.73 亿千米），受太阳引力影响小一些，每秒钟绕太阳运转只有约 8.1 英里（约 13 千米）。海王星离太阳系中心的距离约 30 亿英里（约48 亿千米），受其引力影响更小，每秒钟运动 3.4 英里（约 5.5 千米），几乎要花 165 年才能绕太阳一周。离太阳越远的天体，它受到的引力影响越小；而受到引力影响越小，围绕太阳系中心运动的速度就越慢。这就是太阳系（不仅仅是我们的太阳系）的行为方式。与牛顿引力定律和运动定律一样，这是不可动摇的事实。

这些定律不仅适用于太阳系，也适用于任何盘状天体，如旋涡星系。恒星离星系中心越远，它受到其他恒星把它拉向星系中心的引力的影响就越小。恒星离盘状星系中心越远，它围绕该星系核心的运行势必越慢。这一点也应该像牛顿定律一样可靠。不过，且慢！情况并非如此。20 世纪 60 年代末，华盛顿卡内基研究所的天文学家鲁宾（Vera Rubin）将两架望远镜对准邻近的仙女座星系，想要测量恒星围绕星系中心运行的快慢。就像在威尔逊山上的哈勃一样，鲁宾和一位同事测量了像氢一类的元素给出的指纹样光谱线，以及该光谱向红端或蓝端的多普勒位移，这将告诉我们恒星飞向或飞离地球的速度，以及恒星围绕仙女座星系中心旋转的速度。

牛顿定律看来是说，靠近仙女座星系核心的恒星应该运行得比较快；恒星离开星系的核心越远，它的运行就越慢。而鲁宾的观测却说明了一个不同的情况。她在 1970 年指出，不论恒星离开仙女座星系中心有多远，它们运行的速度大致相同，大约每秒钟围绕中心运行 150 英里（约 241 千米）。[8]真想不到牛顿的预测没有站住脚。自然界的基本定律中竟然有一条好像出了差错。但是鲁宾的观测结果也并非偶然；当天文学家观测其他星系时，发现了同样的情况。恒星无视权威的牛顿运动定律，以基本上相同的速度围绕星系中心运转，而牛顿运动定律则说，离星系边缘越近的恒星，其速度必定越慢。

在一个又一个星系中，牛顿定律完全错了。这就意味着，要么必须放弃牛顿定律，要么盘状星系根本不是盘状的。很少有天文学家愿意放弃牛顿定律，可是，盘状星系又怎么可能不是盘状呢？当天文学家观测旋涡星系时，看到的是一个盘。如果他们一个个地数这些恒星，估计它们的质量，并用牛顿定律计算其运动，星系的行为应该像盘。如果它看起来像盘，而牛顿定律又说它应该表现得像盘，它又怎么可能不是盘呢？有一个办法可以解决这个问题：如果除了可见恒星外，星系中还有别的东西。星系中肯定存在看不见的暗物质。

如果星系中还有别的物质，这些物质很暗，而不像我们在天空中所看到的恒星那样发出亮光，那么我们是看不见它们的——这就有可能解释恒星不寻常的运转行为。星系周围的一片暗物质云，一种望远镜看不见的暗晕，仍然具有质量和引力。这种暗物质晕会给非常遥远的恒星一点额外的拉力，使它们运行得比我们设想的快一些，而我们的计算只考虑了我们看得见的发光的恒星。的确，如果星系被一种暗物质晕包围着，那么，星系最外面的恒星就会与最里面的恒星运行一样快。这正是鲁宾和其他天文学家所观测到的情况。虽然鲁宾本人认为，暗物质晕是星系中恒星的非牛顿运动的原因，不过，大多数天文学家却认为这种思想令人难以接受。实际上，有些物理学家宁可否定牛顿定律，放弃陈旧的引力和距离之间的关系，也不愿意接受关于宇宙中每个星系都被庞大的不可见物质所笼罩这种思想。

否定牛顿定律，是解决星系运行问题的一种偏激办法，然而，与提出有暗物质包裹着每一个星系这种看法相比，并不显得更糟。稍稍改变一下牛顿引力方程，使超距引力比牛顿定律提出的引力略微强一点，那么不用暗物质云，你也可以解释星系恒星运动的额外速度。据引力物理学家说，这些理论中最成功的一个被称为修正牛顿力学（Modified Newtonian Dynamics，简写为 MOND），这个理论是由以色列魏茨曼科学研究所的物理学家米尔格龙（Mordechai Milgrom）于 1983 年提出的。MOND 方程，赋予超距引力一个比牛顿引力更强的拉力。如果恒星远离星系中心，那个额外的力给恒星添加了一些拉力，由此引起它们以稍稍快些的速度围绕星系的核心运行。MOND

十分贴切地解释了星系中的速度问题，然而，在预测围绕星系团中心运行的星系的速度方面，它却不能自圆其说。因此，这个理论从一开始就存在某些严重问题。庞大的星系团在宇宙中星罗棋布，每个星系团都有成百上千个星系相互围绕运行。

不仅仅是仙女座星系和附近的其他星系，包括我们自己的星系在内，都是室女座超星系团的组成部分。之所以称为室女座超星系团，是因为该超星系团的中心位于室女座方向。星系围绕星系团中心运行的距离比起恒星围绕星系核运行的距离，要远得多。这就是说，MOND这个引力加强方程，会给运行的星系以及滞留在星系团中的气体一个极大的反冲力；它们会极快地围绕星系团中心旋转。然而，近来对星系团及其内部气体的观测，并不能证实MOND的预测。就连米尔格龙本人也承认，MOND在解释星系团内的运动时，存在严重问题。他说“有个猜不透的谜”，并认为也许还有看不见的物质造成了这种差异。他还说：“总是会有尚未发现的物质。”这就是说，MOND也需要暗物质——而提出MOND的全部理由，却是取消对暗物质的需要。虽然米尔格龙仍然坚持MOND，但他也承认自己的理论有朝一日可能会被修改。他说：“作为这个理论的首创者，我愿意使它成为一次革命，但我持有一颗平常心。” 他还说：“如果[答案]最后是暗物质，我会很难过，但不会吃惊。”

既然这个取代暗物质的最佳选择也遇到了麻烦——实际上，需要有暗物质才说得通——宇宙学家和天文学家便不得不接受有某种形式的不可见物质的存在，以促使星系和星系团结合在一起。相信某种东西不可见，目前也无法检测，却又是最佳选择，真让人五味杂陈。

如果你接受有暗物质存在，那么计算星系数目的天文学家在设法估计宇宙的质量时，对于数量不足的情况，就可以自圆其说了。总之，当你计算所有可见星系时，从定义上说，你只是在计算自己看见的那些星系。如果宇宙中暗物质比例很大，就像星系自转曲线使科学家相信的那样，那么这种计数星系的办法将会大大低估宇宙中的重子物质。情况正是如此，这就解释了 Ω_b 为什么能够远大于宇宙中可见物质的质量。迄今最好的证据就是，宇宙中大约只有 1/10 的重子物质发射着我们能够看见的光，而 9/10 是暗物质。这样，一切问题便迎刃而解。

天体物理学家不得不接受暗物质的存在。只有在他们乞灵于暗物质的存在时，才可能解释自己对宇宙的观测。围绕着星系核的恒星运动，围绕着星系团中心的星系轨道，原初气云中元素的比例——所有这些观测结果，都使宇宙学家得出无法回避的结论：宇宙中**大多数**物质都是不可见的。不用暗物质解释宇宙本质的种种尝试，统统输得很惨。也许，就像几乎所有宇宙学家一样，连你这位读者也相信了；如果你还没有相信，那么下面还有更多证据。不过要小心，情况会变得更加匪夷所思。暗物质不止一种。除了普通的重子暗物质（就像我们日常生活中遇到的物质一样），还有一种奇异的暗物质，它们根本不是由重子物质组成的。物理学家并不真正明白这种奇异的暗物质是什么，但是他们一致认为这种东西是存在的。这既不合情理，又让人觉得如芒刺在背。这是宇宙学中最咄咄逼人的难题之一。

第七章 更暗：奇异暗物质谜团

宇宙哲理不是为人而设，而是为宇宙而设。

——切斯特顿（G. K. Chesterton），

《约伯记》（*The Book of Job*）

天文学家自然以为，到目前为止，重子构成了宇宙的大部分质量。他们当然知道宇宙中也存在其他种类的物质，如电子，电子是一种轻子。然而，因为重子比轻子或者其他常见物质类型要重许多（中子大约比电子重2000倍），所以物理学家认为，非重子部分可以忽略不计——“普通”的物质几乎完全是重子物质。好家伙，他们弄错了吧！

随着科学家对 Ω 组成的研究越来越深入，他们发现日常的重子物质只占宇宙总量的一小部分。用宇宙学家的方法表示就是，宇宙中物质的总量 Ω_m，比宇宙中普通的、重子物质的量 Ω_b，明显大得多。这可是个大问题。这不仅是说宇宙中大多数物质是暗的，而且这些物质与我们所熟悉的任何重子物质都不相同。宇宙的大部分，是由不为科学所知的奇异的材料组成的。这一点比暗物质的存在更令人难以接受。

接受这种奇异的材料的概念，有着充分的理由，正如相信有暗物质存在也有充分的理由一样。暗物质的思想让科学家很不自在——宇宙有不可见的组成部分，这种想法似乎不妥——但是他们不得不接受。星系运动以及氦和原初气体云中其他元素的丰度使科学家知道，宇宙中存在着更多自己看不见的物质。相信存在暗物质还有一个很好的理由：我们自己的存在。年幼的宇宙既不平坦，也不均一。物质和能量在时空表面并非均匀分布，有团块，也有空洞。在宇宙微波背景中，物理学家看见了早期团块在辐射中形成的热斑，以及空洞所形成的冷斑。然而，在现在的宇宙中，那些团块和空洞已面目全非。团块（物质聚合并在自身引力下坍缩之处），形成了巨大的星系团。另一方面，空洞则变为广袤的虚空区，其中仅偶尔点缀着由这里的少量气体所形成的星系。这种不均匀性，对于我们的太阳和地球的形成是必要的；如果早期宇宙是均匀的，那么我们的银河系可能就不会形成。此外，这些团块和空洞不仅揭示了重子暗物质的存在，也揭示了奇异暗物质的存在。

把宇宙的结构形象化是一件难事。在数亿光年的尺度上——数亿光年只是宇宙尺度的一小段——恒星，甚至各个星系都可以缩小到忽略不计。当天文学家以大尺度绘制宇宙图时，他们用一个个小小的点来代表一个个星系（一个个由千千万万颗恒星组成的巨大集团）。更难的是把每一个点放到正确的位置上。测定到达任何特定星系的距离充满了不确定性。速度与距离之间的哈勃关系，使天文学家得以准确地估计到达任何天体的距离。然而，细节决定成败。星系的各自运动，以及光因为尘埃云而变红，都能够使计算结果变得糟糕。直到20世纪80年代后期，宇宙学家才开始得到宇宙大尺度结构的有关图片。他们得到的这个图片，并非完全像他们自己预想的那样。科学家并没有看到星系差不多均匀地密布在整个宇宙中，他们看到的是许多几乎没有星系出现的巨洞，以及连接超星系团的细细的星系卷须状物。我们生活在一个瑞士奶酪式的宇宙中。

各种力的精密平衡，引起了那些巨洞和卷须。引力是远距离控制宇宙的力，它永远是一种吸引力；两个物体，只要有质量，就会相互拉拽。根据两个物体有多少能量和多大的吸引力，它们就会像月亮和地球、或者地球和太阳、或者银河系中的太阳和其他恒星那样，束缚在一起。不过，如果天体之间的引力不足以克服它们的相对运动，那么它们就会彼此急速分离，随着时间的推移，它们之间的相互影响将逐渐消失。

引力的影响越大，宇宙的团块状程度就应该越大。设想有一个宇宙，在那里，引力变得比我们宇宙的引力强得多。此时，众行星不再能够保持在自己的围绕恒星运行的稳定的轨道上。它们会被拉进去，至少靠最里边的那些会被饥不择食的恒星吞噬，而恒星也因自己吞下了额外的物质而膨胀起来。如果是这样，几乎可以肯定，此时只存在很少的（如果有的话）行星围绕着一颗更大质量的恒星在运转。星系会以同样方式，把无数颗恒星拉向它们中心的那些超大质量黑洞张开的血盆大口。随着引力增强，最中心处的恒星被吞噬，星系就会收缩，变得更加致密。有些围绕彼此旋转的双星，也会碰撞在一起，形成更大的恒星。[1]恒星会更少，星系变得致密且缩小，布满大质量的恒星。同样，围绕星系团中心运行的星系，也会聚合在一起，星系团就会缩小，各星系就会发生碰撞，因此，致密星系团中只会有为数不多的大质量星系，而不是数量很多的较小星系。由于星系的过分密集会出现合并与坍缩，所以星系团也就更少了。宇宙中的物质将会集中在若干个大质量星系团中，而不是很多较小的星系团中。宇宙中的物质不是四处分散的，而是聚合成若干团块。宇宙将会异常凹凸不平。

另一方面，如果引力变得非常弱，那么宇宙不均匀的程度看起来就会比现在小得多。由于物质彼此之间不会有很强的吸引力，所以气体云坍缩成恒星的机会就会非常罕见。恒星很少会集合而形成星系，而星系也不会束缚在一起形成星系团。天体之间往往不会以引力互相结合。宇宙中的物质在整个宇宙中就会呈现出一种十分均匀的薄雾状，而不是集合在一起形成团块。当引力的影响很小时，宇宙就平坦得多。

事实上，引力是不可调的——它是一个固定的常量。然而，引力对于宇宙的影响却不是固定的，它取决于有多少物质存在。如果宇宙中有许许多多物质，那么引力的影响就会很大；即使引力并不比以前强，也会因有更多施加力的东西，而使其成为塑造宇宙的力中的一种较重要的力。同样，如果宇宙中物质较少，那么，引力就没有那么重要了。因为只有很少的物质在对零散物质进行拉拽，所以很少有天体会因引力而相互束缚在一起。因此，宇宙的这种不均匀性，为天文学家提供了一个测量宇宙中物质的量的途径。他们能够测量 Ω_m。

根据宇宙中氦和其他元素的丰度，科学家知道 Ω_b 大约是0.05。但是，0.05 的 Ω_m 过小，不能说明宇宙目前的不均匀性。实际上，要解释为什么星系团看起来是它们现在的样子，科学家需要 Ω_m 值约为0.35——约为 Ω_b 公认值的7倍。因为 Ω_b 比 Ω_m 小得多，所以宇宙中的重子物质占少数；存在着比重子物质多得多的非重子物质。天文学家能看见的宇宙中的物质，大大少于暗的重子物质，同样，宇宙中的暗的重子物质，也大大少于暗的非重子物质。而且，既然“普通”物质，也就是我们所熟悉的物质（如恒星和人类），都是重子组成的，那么，宇宙中大多数物质必定完全是别的什么东西，某些科学家尚未真正了解的奇异物质。因此，宇宙学家已经指出，他们对暗宇宙，即宇宙中的绝大多数物质，几乎一无所知。这又是一个令人尴尬的发现。

与逐渐清晰起来的暗宇宙图景同样令人费解的是，宇宙中星系分布的新的测量结果竟证实了这样的图景。两个大规模合作研究项目正在绘制出数十万个星系以及其他大型天体的位置，以确切找出它们的分布情况。这项工作十分乏味，但却很重要。世界各地的科学家都心甘情愿地把全部精力放在这项工作上，以完成这两个庞大的巡天观测计划。

第一个研究项目是“斯隆数字化巡天观测计划”（SDSS）；它使用口径为2.5米的望远镜，在新墨西哥州的山上绘制天图。到2005年观测结束时，做这项工作的科学家希望编制出一个百万星系的星表，给出这些星系的位置和距离。[2]然而，要想知道一个遥远星系的距离，他们必须测量这个星系的红移——它的颜色——而且，如果他们希望编制出天空中如此之多天体的星表，就不可能每次只观测一个星系。因此，在望远镜前工作的天文学家通过在一块金属板上钻许多个孔，来测量每个星系的颜色。每一个孔只允许一个星系的光通过。斯隆科学家使用光缆，把每个星系的光输送至一个光谱分析仪，这个分析仪便显示出到达该星系的距离。在另一块金属板上钻孔，进行下一次观测，就这样反复进行下去。这是一项艰辛的工作。他们的对手是开展“二度视场计划”(2dF) 的科学家，他们的日子稍微好过些。这些科学家使用的是澳大利亚库纳巴拉布兰的一架大一些的望远镜，其口径为4米。他们不是在金属板上钻孔，而是让一个机器人直接在望远镜上放上200根光缆。然而，这个计划只能对大约25万个星系绘图，而不像斯隆观测计划那样可对上百万个星系绘图。

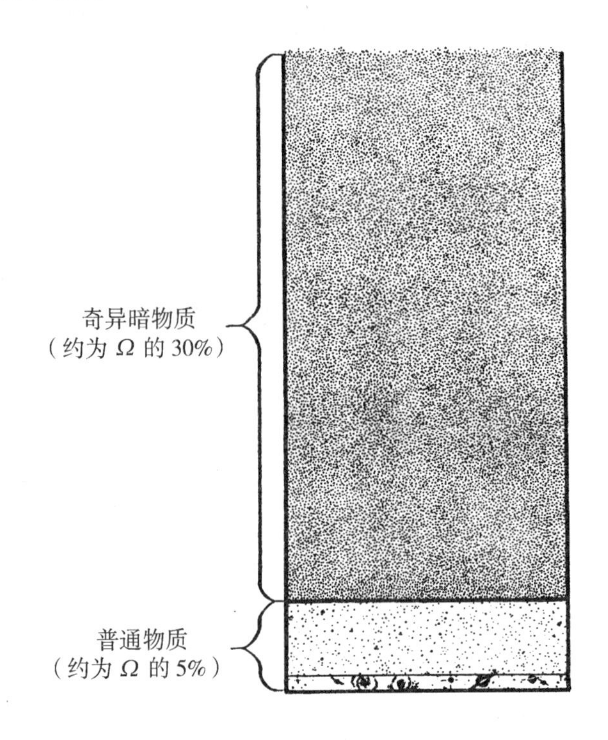

经过多年的努力，第一批研究数据筛选出来了。2001年4月，“二度视场计划”公布了它绘制的头12.5万个星系的数据。几个月后，“斯隆数字化巡天观测计划”也公布了它的第一批结果。这两组数据都说明 Ω_m 大约是0.35。不过，这些数据显示的不只是这些，它们也提供了对 Ω_b 的独立测量结果。

这两项测量结果，提供了关于宇宙中团块和巨洞，以及被巨大的虚空从四面八方包围的细卷须状物的精美图像。这些团块和巨洞可以追溯到宇宙第一个40万年，即复合期之前。它们是那个时代留下来的遗迹，那时压力波风驰电掣般地通过等离子体，压缩着物质，再使之膨胀，然后继续压缩。随着宇宙膨胀并且冷却下来，那些被压缩的区域形成了大质量星系团，而那些稀疏区域仍然相对没有什么物质。因此，通过观测星系和巨洞的分布，天文学家能够计算出早期宇宙中的声波是什么样的，正如他们根据宇宙背景辐射强度中峰和谷的分布，也能够做的那样。

然而，不同种类的物质，以不同方式传送压力波。普通的重子物质，会由于不断受到辐射压的冲撞而发生剧烈的收缩和膨胀。而"奇异"暗物质，那种被认为是由非重子粒子组成的东西，几乎不与光相互作用，所以，它不像重子物质那样受到辐射压的很大影响。（望远镜看不见奇异暗物质的道理就在于此。）于是，当宇宙中的重子物质受到光的不断冲撞时，奇异暗物质由于几乎不受辐射压的影响，因此它的振荡较弱。这样，星系分布的涨落——图中描述不同尺度的物质团块和巨洞的一些崎岖不平的特征——就能够揭示出早期宇宙中物质振荡的强弱程度，这也就表明有多少原初物质是重子物质。

"二度视场计划"和"斯隆数字化巡天观测计划"，都在绘制宇宙中星系的分布，而这又揭示了宇宙中物质的不均匀性。同宇宙背景辐射的测量结果一样，那些数据是以像山峦般高低不平的图像表现出来的，与宇宙背景辐射谱图十分相似。每个峰代表一个典型特征尺度。"二度视场计划"研究组说，在图中看到了起伏。虽然到2002年底时，对这件事予以肯定仍然为时过早，但是宾夕法尼亚大学的铁马克（Max Tegmark）说："如果他们真的看到了，那会非常令人振奋。"一旦看到了宇宙物质分布中的起伏，他们就能够把 Ω_b 析取出来。（他们的最初结果非常接近科学家从核合成中推算出的数字。）宇宙的不均匀性显示了宇宙中有多少暗物质。

不过，观测星系分布并非测量宇宙不均匀性的唯一办法；科学家只要测量一下宇宙微波背景中的不均匀性就可以了。热斑变为星系团，冷斑变为广袤的巨洞。因此，宇宙背景辐射的峰和谷，使我们对早期宇宙的不均匀性有所了解——对宇宙中的物质被照亮等离子体的强光推挤的程度，也有所了解，而这也就揭示出了重子物质相对其他奇异物质的比例。大家都希望“毫米波段气球观天计划”会使得宇宙学家能够极为精确地计算宇宙中物质的量。

然而，计算宇宙中物质的量，要求“毫米波段气球观天计划”的科学家，看到的不只是宇宙背景辐射的第一个峰。他们需要图中有第二个峰，来计算宇宙中重子物质相对奇异物质的比例。他们需要听出天穹之乐中的泛音。当“毫米波段气球观天计划”的第一批数据于2000年4月公布时，第一个峰一清二楚，但是第二个峰显然不见了，好像宇宙学家期盼着能听到风铃的叮当声，然而听到的却是喇叭声。

铁马克说：“我有恶作剧的一面，希望那种情况发生。”有一段时间，物理学家忙着解释错在哪里。一个峰不见了，这意味着，关于宇宙如何形成以及是什么把它合为一体的简单模型，不可能是正确的。铁马克说：“你不得冒犯宇宙学这一神圣不可侵犯的天条。”大家都在等待“毫米波段气球观天计划”和其他竞争实验的进一步数据，要么是找到第二个峰，要么就是宇宙学理论出现了一个严重问题。

幸运的是，这种进退两难的局面没有持续太长时间。第二个峰的第一个标志来自智利的一架望远镜，这架望远镜被称为宇宙背景成像仪（CBI)。“毫米波段气球观天计划”使用的是一个气球，上面携载着灵敏的测辐射热计，以检测当微波光子对其击打时产生的热。与此不同，宇宙背景成像仪是一架地面望远镜，它使用干涉测量术探测来自早期宇宙的微波。

看一看最现代化的军舰，例如美国海军“泰孔德罗加”级导弹巡洋舰的一张照片，我们首先注意到的是一个大的、灰色的整块构造，它构成了舰艇的上层结构，可以说要多难看就有多难看。然而，它却是巡洋舰的核心部分：一部能使舰艇在方圆很大范围内追踪到敌舰、敌机以及导弹的超级雷达。这种雷达与老式雷达，或者与我们在飞机场看到的雷达不同，它不必转动就能得到全视野图像。由于使用了干涉测量术，该型舰的雷达不用挪动任何机械部件，就可以瞄向任何方向。

干涉测量术的关键是光的波动性。[3]就像海洋中的波 样，一束光具有波峰和波谷。如果两束光排列得恰到好处，一束光的波峰正好赶上另一束光的波谷，或者一束光的波谷正好赶上另一束光的波峰，那么，这两束光就相互抵消——发生干涉。另一方面，如果是波谷与波谷重叠，波峰与波峰重叠，则这两束光便能够相互增强。在相互增强处，光显得明亮；而在波相互抵消处，光不见了。如果你把两根手指放在一起，通过两指间的细缝看一个灯泡，就可以看到这种现象。你所看到的细条纹（如果两根手指间缝隙的大小恰到好处），正是通过细缝的光波相互抵消之处。

美国海军的“泰孔德罗加”级巡洋舰使用干涉测量术，不是用雷达波束来扫描天空，而是使其波束变得尖锐。“泰孔德罗加”级巡洋舰将很多细小的天线排列在一起，以取代一个旋转的大型天线。每一根天线都发射出一道雷达光束。通过对小光束的波峰和波谷（相位）适时的选择，舰员可以对在空间的什么地方让光束相互抵消（或相互增强）进行控制。通过改变单个元件的相位，舰员能够把握空中雷达光束的增强区域，而不必挪动任何一根天线。反之，他们通过调整那些小元件的计时数据，能够使接收器“瞄准”任何自己想要的天区，而对来自其他天区的信息不予理会。宇宙背景成像仪利用了同样的原理，不受干扰地关注天空中的某些区域；测辐射热计没有能力分辨撞击自身的光来自何方，而干涉计则不同，它能够以极高的分辨率从天空的一片非常狭窄的区域中收集数据。

在某些方面，在安第斯山顶工作的难度不亚于在南极洲工作。工作人员必须保证不因缺氧而病倒，而且在工作期间，工作站必须做到完全自给自足；氧气、燃料、水以及所有其他物资必须全部带上山。不过，所有这些努力都没有白费。当宇宙背景成像仪第一次把干涉计指向苍穹时，它就找到了失落的第二个峰的标志。虽然没有人能肯定第二个峰是存在的，但它缓解了在近一年前由“毫米波段气球观天计划”留下的某些忧虑。它还表明，宇宙微波背景中的峰和谷，势必会随着自己尺度的变小而变弱；就像一种乐器，随着频率越来越高，其泛音势必变弱。在匹兹堡的卡内基-梅隆大学工作的宇宙学家彼得森（Jeffrey Peterson）说：“早期宇宙的声振荡正在消失。这表明我们的思路是对的，声学模型也是正确的。”看来我们离听到好消息的时刻已经不远了。

就在“毫米波段气球观天计划”的科学家公布了自己的第一批数据一年之后，他们又准备公布更多的数据。与此同时，他们的对手也做好了准备。“国际毫米波各向异性实验成像阵列 ”（MAXIMA）实验是一项非常接近“毫米波段气球观天计划”的气球实验——使用的望远镜几乎一模一样——不太有利的是，MAXIMA 实验的望远镜飞行在美国大陆上空，而不是冰冷的南极上空。因此，这个实验得到的数据比较乱。然而，一种与宇宙背景成像仪有类似作用的仪器，即度角尺度干涉仪（DASI），一直在南极洲记录数据，而度角尺度干涉仪实验组成员也终于拿出了自己的第一批测量结果。2001 年 4 月，在华盛顿特区召开的一次美国物理学会会议上，三个研究组都拿出了自己的最新研究结果，而那个丢失的峰，光彩照人地出现在众人面前。铁马克说："这就像圣诞老人现身了。""毫米波段气球观天计划"和度角尺度干涉仪目睹了第一个峰、第二个峰和第三个峰。2002 年 6 月，宇宙背景成像仪公布了第二批结果，其中包括了第三、第四个峰，以及第五、第六个峰的一些迹象。这就可用来计算 Ω_b 和 Ω_m 了。他们得出的数据和所有其他测量结果是一致的：重子大约占宇宙材料的 5%，而所有物质加在一起，大约占35%（$\Omega_b = 0.05$，$\Omega_m = 0.35$）。这与科学家在研究宇宙中元素的比例和星系分布时所得到的值是一致的。

所有的测量结果都得出了相同的结论。大爆炸核合成、星系分布图以及宇宙微波背景测量的结果都显示出，宇宙中普通的重子物质，只占一个 $\Omega = 1$ 的宇宙应有的材料的 5%，而物质的总量大约占所有构成宇宙之材料的 35%。这种宇宙材料中还有大约 30%，应该具有一种非重子的奇异形式。不过，科学家尚未发现任何待选者。

宇宙学家摇着头表示怀疑，因为接二连三的实验都表明，自现代科学之始，宇宙总是与天文学家所推测的大相径庭。普通物质是例外，而未知的奇异物质则属正常。然而，我们的宇宙主要是暗的，而大部分暗物质又是未知的、无法用语言来形容的，我们从未直接见过。如果不是因为有那么多实验迫使宇宙学家接受这种情况，那么这简直就是痴人说梦。芝加哥宇宙学家特纳不解地问道："是谁安排了这些玩意儿？"

不过，揭开这一物质之谜，仍然有望。物理学家正在使用为再创大爆炸后最初几微秒时的条件所设计的庞大机器，来探索物质的起源。他们希望通过回到物质的诞生地，去了解物质的秘密。

第八章
后院大爆炸：重子的诞生

冲马克王呱呱叫三声！

他听见的肯定不像狗叫，

他的一切肯定都不在当中。

——乔伊斯（James Joyce），

《芬尼根的守灵夜》(*Finnegans Wake*)

并不是自大爆炸以来，物质就一直是这种状态。在宇宙诞生之后的几微秒内，夸克和胶子在熊熊燃烧的炽热物质堆（夸克—胶子等离子体）中，任意游荡。然而，等离子体很快就冷却下来，夸克和胶子形成了比较常见的粒子，如质子和中子。夸克—胶子等离子体凝结并消失了。对于夸克—胶子等离子体来说，宇宙真的是太冷了，正如对于熔化的铁水来说，地球表面过冷一样。

现在，科学家几乎已把我们带回到大爆炸的时刻。巨大的对撞机开始再创宇宙最初几微秒时的条件。通过使重核加速到光速的99.99%，然后让它们猛烈地碰撞，物理学家就这样把如此大的能量倾注到一个如此小的空间，并在此创造微型大爆炸。已经有迹象表明他们制造了夸克—胶子等离子体。在这种等离子体消失了140亿年后，在纽约长岛的一个实验室里，重新经历了宇宙诞生后的最初几微秒。

虽然有少数抗议者企图制止这次实验，因为他们害怕这次微型爆炸可能毁灭宇宙，但是科学家仍在继续，希望能看见宇宙诞生的最初时刻，发现物质的起源和本质。

要了解物质如何产生，我们必须一步一步地深入研究物质的本质。从某种意义上说，我们是在做一次逆时光之旅。现在，宇宙是由原子组成的。剥离电子，看一看原子核，我们于是回到了大爆炸之后40万年的一个时代。继续下去——给原子增加越来越多的能量——我们就可以把原子分开，或者使之碰撞，让它们贴合在一起。氢弹中心就像大爆炸最初几分钟时那般炽热。

然而，仅仅是大爆炸后几分钟是不够的。如果我们想要解开物质之谜，就必须达到更加炽热的程度。再加更多能量，就连组成原子的质子和中子都被分裂为它们的组分夸克。这就是粒子加速器所属的领域。随着科学家建造了规模更大、威力更强的加速器，他们离宇宙诞生的那个时刻也越来越近。科学家现在已经开始看到了宇宙的最初几微秒。他们希望找到物质起源的线索。

粒子物理学语言，起初有几分使人摸不着头脑，像是科学家的幻想。然而，其中的理论却不容小觑。正如元素周期表描述的是普通物质的行为方式，粒子物理学的**标准模型**描述的是所有已知物质的行为方式。这是一种很难掌握的语言，但看起来却是自然界要使用的语言。

这个故事需要从普通的重子物质讲起。普通物质就在我们的周围，不过并不像它们的外表那么简单。气体、液体，甚至就连读者手中拿着的这本书之类的固体，其中大部分都是空隙。在大约一个世纪里，科学家了解到，“原子”这个日常生活中物质的最基本单元，是由被很多空隙隔开的一组更小的粒子构成的。原子的中心（原子核），是由两种十分相似的粒子（即中子和质子）构成的。它们的质量几乎完全相等；唯一不同的是，质子带一个电荷，而中子不带电荷。这两者非常相似，如果顺其自然，过几分钟，中子就会自发地释放出一个电子（和另一种粒子，后面会讲到）而变成一个质子。

电子通过相互间的电吸引而与原子核束缚在一起，与质子和中子相比，电子是大不相同的一种粒子。它小得多；其质量只有质子和中子的 1/2000 左右，它带有与质子量值相同、符号相反的电荷。用现代术语来说，电子是一种轻子，这样的命名是因为它轻；中子和质子被称为重子，因为它们重。几十年来，化学家和物理学家以为，这就是故事的结尾了，物质是由质子、中子和电子组成。通过研究这三种粒子之间的相互作用，科学家就能够了解宇宙中所有的物质。而事实上，关于物质的故事却远远没有结束，在粒子王国中，还有许许多多的成员呢！

多年来，物理学家发现了一批像质子一样的重子，像电子一样的轻子，以及像 π 介子一样中等质量的介子。例如，物理学家现在知道，电子还有两类性质非常相似但更重些的同族粒子： μ 子（用希腊小写字母 μ 表示），是电子质量的 200 倍；还有 τ 子（用希腊小写字母 τ 表示），比电子的质量大 3500 倍。[1]到目前为止，在这三者中，电子最普通，μ 子次之，τ 子最罕见。宇宙中的粒子数似乎增加极快。所有这些轻子、介子和重子四处飘荡，这是一种混乱的情景。

如果这还不够复杂，那么还存在一个反物质的问题。反物质或许像是一个科幻小说作家虚构的东西，然而，它确实存在。科学家对此已进行了70多年的实验。

1928年，物理学家狄拉克（P. A. M. Dirac）创立了一个方程，该方程似乎能解释电子的某些神秘性质。然而，在这个过程中，他的方程预测了一些出人意料的情况。从狄拉克方程来看，电子必然有一个与它相等相反的孪生兄弟。它的质量与电子相等，但是它的电荷是+1，而不是-1。而且，一旦它与一个电子接触，两者就会在能量的突然释放中彼此湮灭。[2]正因为“反物质”这个概念十分荒唐，所以另一位量子理论先驱海森伯（Werner Heisenberg），把狄拉克的新理论称为“现代物理学中最伤心的篇章”。然而，到了1932年，美国物理学家安德森（Carl Anderson）在研究粒子通过充满蒸气的气室中所留下的烟状径迹时，却发现了电子的这个反物质孪生兄弟：正电子，也称反电子。狄拉克没有错，电子有一个反物质同胞兄弟。

后来发现，每一个有质量的粒子，都有一个反物质幽灵。质子有反质子，中子有反中子，等等。[3]几十种重子、介子、轻子以及它们的反物质伴侣，组成了一个不断扩张的群体。更有甚者，它们还能够改变身份。如果它们相撞，就有可能变成完全不同的粒子。轻子、介子、重子、反轻子、反介子、反重子，总在不停地产生、衰变，并相互转化。在20世纪60年代中期之前，科学家被这个日益复杂的粒子王国搞得稀里糊涂。

夸克就在此时出现了。正如元素周期表的引入使杂乱无章的元素变为原子化学性质方面的一幅井然有序的图像一样，盖尔曼（Murray

Gell-Mann）的夸克思想，使乱糟糟的粒子王国变成了一个有序易解的结构。盖尔曼没有把质子、中子和其他重子当作不可分的基本粒子来对待，而是认为，如果假设它们是由三种较小的粒子（三种夸克）组成，那么他就能解释粒子王国里的全部重子。例如，盖尔曼提出，一个**上**夸克有＋2/3 电荷，一个**下**夸克有－1/3 电荷；这样他就可以解释质子的电荷（两个上夸克和一个下夸克的电荷相加是＋1）和中子的电荷（两个下夸克和一个上夸克的电荷相加为 0）。

实际上，用几个简单的规则，就能解释在粒子的大杂烩中那些重子的所有属性，至少是我们已知的所有重子的属性。这些规则看上去似乎不知从何而来，但是作用极大。（别担心，不会有小测验的！）

规则一：夸克有六种味：上、下、奇异、粲、底、顶。任何夸克都有色：红、绿、蓝。（不要从字面上去理解色和味，这只是区别夸克的某种属性所使用的一种比较方便的办法而已。）

规则二：如果一个红夸克、一个绿夸克和一个蓝夸克结合，结果就是一个白的无色粒子，同红光、绿光和蓝光结合会形成无色的白光是一个道理。

规则三：带色粒子永远不能被直接观察到。因此，物理学家永远也不会看到单独的夸克，因为夸克是红、绿或者蓝的。他们能够看到的是白的粒子，白的粒子没有色。像质子这样的重子之所以总是由三种夸克组成，原因正在于此；一种是红，一种是蓝，一种是绿，这三种夸克的色恰好相消。

规则四：每个夸克都有自旋。最好把自旋想象为一个陀螺的自转。正如陀螺有两种自旋方式（顺时针旋转或逆时针旋转）一样，一个粒子的自旋，既可以是正自旋，也可以是负自旋。

（粒子自旋影响其某些属性，不过我们不会马上就讨论这些内容。）通常的夸克的自旋可取 +1/2 或 −1/2，至少在最简单的数学结构中来理解这些粒子是如此。[4]

规则五：每种夸克都有相应的反夸克，反夸克有反红、反蓝和反绿这些种类，而且也都具有正自旋或负自旋。

所有这些规则看起来都是人为的，但是，如果我们用这些规则来看待粒子王国，就能解释每种重子的属性，也能解释各种介子的属性。重子全都是由三种夸克组成的——一种红，一种绿，一种蓝——因为需要三种夸克（或三种反夸克）才能构成白的无色粒子。还有一种方法可以得到无色粒子：例如，让一个蓝夸克与一个反蓝的反夸克放在一起，蓝与反蓝相抵消，产生了一个无色粒子，即一个介子。所有介子都是由一个夸克和一个反夸克组成，它们不稳定地束缚在一起。

不必一一罗列种类繁多且各有自己属性的粒子，夸克和夸克的色，以及把夸克捆缚在一起的力的理论称为量子色动力学，它揭示了亚原子粒子的内部结构。正如化学家看一看元素周期表上的空白处，就能预测某个未知元素的存在一样，物理学家也是这样预测了“尚未发现粒子”的存在，如 1964 年才被发现的 Ω^- 重子。盖尔曼因这一卓越贡献，于 1969 年获得了诺贝尔奖。

即使科学家不能直接看到夸克，他们对夸克的存在仍然深信不疑；量子色动力学绝不仅仅是个数学形式。当物理学家用 X 射线撞击质子时，该 X 射线就好像是被带 2/3、2/3 和 −1/3 电荷的三种较小的粒子弹回似的，正如夸克图像所表明的那样。不论科学家用 X 射线还是用电子去探测质子、中子或者其他重子的内部，结果都一样；重子显示出是一种复合体，构成重子的元素恰恰具有量子色动力学所预言的属性。

量子色动力学还预言有另外一种成分。一个重子（如质子），构成它的除夸克外，还有一种把夸克结合在一起的粒子：它有一个恰如其分的名字，即**胶子**。胶子是一种把夸克粘在一起的胶质。这些胶子就是弥漫在早期宇宙的夸克—胶子等离子体中的胶子。既然质子非常难以分裂开，所以这种胶子的黏合力异常强。物理学家以鲜有的创造力，给这种力起了个名称叫**强力**。

强力使重子和介子中的夸克结合在一起，此外它还使原子核内的质子和中子束缚在一起。科学家从未见过一个单独的夸克，但却相信这一切。总之，一个有色的夸克，总是与其他夸克束缚在一起，成为一个无色粒子。由于有强力控制，夸克无法随意游荡——而且从大爆炸后最初几微秒以来，它们就受到了束缚。然而，在早期宇宙中，情况并非如此。

与任何力一样，如果你输入足够的能量，强力就能被克服。例如，引力制约着你离开地球的表面。如果你跳起来，可以暂时离开地面，但你最终还是会落下来，因为你的双腿不够强劲，不能克服地球的引力。你因引力而与地球束缚在一起。即使像喷气式飞机一样强大的机器，也只能在短时间内克服引力的作用；它们最终还是必须回到地球。然而，如果你对这个尝试投入巨大的能量（还有金钱！）——如果你把自己用绳索捆在一个非常高的炸药堆上的一个狭窄的小屋内——那你就有可能摆脱地球的引力，飞向月亮，或者完全飞出太阳系。你是能够战胜地球引力的。同样，水分子由于分子之间的电磁力而松散地相互束缚在一起。[5]然而，把水加热到一定程度，电磁力就不再能够保持分子之间的束缚状态。随着水的沸腾，各个分子的能量就会大到超过把水分子结合在一起的电磁力束缚能，这些分子就会从水中飞出，不再受液体的束缚。液态水沸腾并蒸发，变成了气体。把一盆水加热到足够热，你就可以战胜电磁力。

因此，强力的束缚也是能够克服的。如果我们使两个高速运动的原子相撞，或者用其他粒子对原子猛击，就能够摆脱使质子和中子结合在一起的强力的束缚。当使原子核保持为一个整体的强力束缚被打破时，原子便成为更小的碎片四处飞散。如果原子核足够重，当这种束缚力被打破时会释放出一点能量；这个过程就是裂变，也就是原子弹爆炸的基本过程。然而，即使在原子弹的中心部分，也没有足够的能量使原子核内单个质子和中子分开。即使把原子核结合在一起的强力被打破，使夸克在小包（质子和中子）内互相束缚的强力，仍然会将这些夸克紧紧地捆在一起。这种束缚状态已经历了 140 亿年。

宇宙诞生后，这种束缚力只在非常短暂的时刻内未能保持住。当宇宙极为炽热和致密时，即在大爆炸后的一刹那，宇宙中的每个粒子都得到了极大的能量，而强力则显得太弱，不足以使夸克彼此结合在一起。夸克和胶子于是在夸克—胶子等离子体中四处游荡，无拘无束。随着宇宙逐渐扩大和冷却，强力占了上风。在大爆炸后约百万分之一秒时，夸克—胶子等离子体凝聚为质子、中子以及其他粒子，就像水蒸汽在玻璃板上冷却后会凝结成小水珠一样。夸克再也无法走出自己的牢笼；强力把它们与一个反夸克，或两个其他夸克束缚在一起，它们再也不会露面。至少在几年前还是这样。

科学家已经再现了只有在大爆炸后几微秒内才具有的条件。现在他们认为，他们已经打破了强力的束缚，这是自宇宙诞生以来，第一次把夸克从古老的囚室中释放出来。这就是说，科学家即将知晓宇宙中所有重子物质来自何处。

夸克获得假释的第一个迹象——物理学家称之为**退禁闭**(deconfinement)——来自埋设在靠近瑞士日内瓦的一台地下超级质子同步加速器。这台加速器的主体是一条长度为6千米且布有许多磁体的环行通道，原子以极大的速度（大于光速的99%）在其中发生对撞。由于空间和时间的相对论性扭曲，以这样的速度，一般情况下看起来像球一样的铅原子核，就会扁得像一个餐盘。而且，当一个这样的盘子撞上什么东西，它就会以极其壮观的形式发生爆炸。如此巨大的能量挤进如此狭小的空间，使得这个爆炸在极微小尺度上如同一次微型大爆炸。在这种条件下，中子和质子无法结合在一起。它们将挥发成一缕能量，把夸克从140亿年的囚禁中释放出来。然而，退禁闭只能持续大约10^{-23}秒，然后，在巨大的能量爆发中形成的夸克和胶子便又凝结为成千上万个飞向四面八方的重子和介子。科学家无法直接看到夸克—胶子等离子体，他们看到的只是在夸克汤再冻结成重子和介子之后，这些粒子迅速飞离的轨迹。从那些轨迹中，科学家试图推断出大爆炸的条件。这有点像两辆车相撞，通过分析飞出去的毂盖、挡泥板以及其他部件的轨迹，从而琢磨出这两辆汽车的行驶情况一样。这是一项难以捉摸且又颇具争议的工作。

2000年2月，通过超级质子同步加速器的工作，欧洲核子研究中心(CERN)非正式宣称，该中心研究人员可能最终看到了夸克—胶子等离子体。他们最有力的证据基于一种J/ψ介子的反常减少。(之所以取J/ψ这样麻烦的名字，是因为它是由两个竞争团组几乎同时发现的；一方称其为J粒子，另一方则称其为ψ粒子。）J/ψ介子由一个粲夸克和一个反粲夸克组成，由于粲夸克相对罕见，所以J/ψ介子也很罕见。[6]

像J/ψ介子这样的粒子，能够在高能碰撞中产生，这与物质和反物质对撞、相互湮灭并释放出能量时所发生的情况正好相反。例如，通过使两个加速的原子对撞，在一个小空间内投入足够的能量，你就能够生成物质—反物质对，例如正电子和电子对，或者粲夸克和反粲夸克对。（你不能利用纯能量生成一个粲夸克而不同时生成一个与其对应的反夸克；你生成的必定是物质—反物质对。）通常，在一次高能碰撞中，与很多别的夸克和反夸克一起产生的新的粲夸克和反粲夸克，会立刻与周围的夸克和反夸克配成对，或者三个一组，形成介子或重子。由于粲夸克是与反粲夸克一起产生的，所以它们极有可能束缚在一起，组成 J/ψ 介子。然而，如果有夸克—胶子等离子体存在，那么这些夸克就不会立即凝结成介子和重子。它们将在无序的、沸腾的夸克和胶子浓汤中游荡，只有在温度下降到足够低的时候，夸克才会凝结。在这样的浓汤中，那些相对罕见的粲夸克，就有可能离开自己的反物质伙伴，并且与更常见的上夸克或下夸克（而不是反粲夸克）搭配成对。这样，组成 J/ψ 介子的可能性就不大了。

20 世纪 80 年代，科学家曾预测说，夸克—胶子等离子体的标志之一就是 J/ψ 粒子相对缺乏。这是夸克—胶子等离子体存在的一种并非完全能肯定的标志，也正是欧洲核子研究中心声称已经看到的事情。然而，他们并没有立马表示说已经生成了夸克—胶子等离子体。

欧洲核子研究中心的物理学家雅各布（Maurice Jacob）说：“对收集到的数据大家认为可作出的结论是，我们现在已经掌握的有说服力的证据表明，一种新的物质形态确实已经产生了。”那种新的物质形态“带有理论上预测的夸克—胶子等离子体的众多特征”。换句话说，它的模样像一只鸭子，走起路来也像一只鸭子。

另外一些科学家则并不认定那实际上就是一只鸭子。哥伦比亚大学的扎伊茨（William A. Zajc）认为，欧洲核子研究中心的证据并不足以证明其研究人员已经看到了夸克—胶子等离子体。在该研究中心的证据公布后不久，扎伊茨说："公平地讲，我觉得关于这个发现，他们根本不具备有说服力的论据。"当时，扎伊茨正忙于准备安装一台更强大的加速器，这台加速器设在纽约的布鲁克黑文国家实验室。它就是相对论性重离子对撞机（RHIC），比超级质子同步加速器强大 5 倍——预期具有产生夸克—胶子等离子体的能力。果然，机器一开动，科学家就开始看到了他们把夸克从其"色禁闭"中解放出来的更确凿的证据。

相对论性重离子对撞机的磁体十分强大，一些过激的抗议者担心科学家使用它时，一不留神就会带来宇宙末日。他们认为，当这台加速器开足马力，使一个金原子与另一个金原子对撞时，就会开始发生链式反应，从而导致现在的宇宙变得不稳定——因为一种不断扩散的毁灭性的波动将会以光速将宇宙中所有物质一扫而空，除了能量，什么都不会留下。这是一种奇思异想，不过这种顾虑还是有那么一点点依据的。所幸的是，大多数严谨的科学家明白，这种担心未免有点杞人忧天了。[7]

2000 年 11 月，相对论性重离子对撞机的首批结果开始产生，并很快显现出退禁闭的蛛丝马迹。在低能情况下，原子核的行为有些像一簇硬蜡丸。让两个原子核对撞，粒子四处飞散，就像台球那样相互撞开。然而，在相对论性重离子对撞机的超强对撞下，一些不同寻常的事发生了。科学家虽然看到了粒子从碰撞处猛烈喷射出来，但这种高能喷射比预料的少。就像计数蜡丸的人可能会解释说，蜡在高能状态下熔化了，成为一堆乱七八糟的黏糊糊的东西。粒子物理学家猜想，原子核中的粒子可能熔化成了黏性的夸克—胶子等离子体。穿越等离子体的粒子被迫减速，从撞击处喷射出来的粒子损失了一些能量。喷射粒子受到抑制，相对论性重离子对撞机实验第一次看到了粒子喷射抑制的证据。

还有夸克—胶子等离子体的其他一些证据。当两个上述的餐盘式金原子彼此相撞时，它们通常并不会直接迎面对撞，而是偏离中心处，仅在两个盘相重合的杏仁状区域发生撞击。（设想一下两个餐盘在稍稍偏离中心的地方相撞，它们实际接触的区域，就是我们所说的区域。）如果质子和中子完整未损，粒子就应该向外爆发，大致均匀地分布在各个方向，破坏了碰撞区域的杏仁型图样。然而，科学家却惊讶地发现，从粒子碰撞后的喷射方式中，可以看到这种杏仁型分布。科学家很难解释这种行为，除非他们认为质子和中子已经破碎，形成了夸克—胶子等离子体。如果发生了这种情况，粒子就在杏仁型碰撞区，把本身的能量更均匀地分配给每个夸克，然后当它们再凝缩之后，再以杏仁型图样喷射。当然，这并不是决定性证据，但是颇能使人联想到夸克—胶子等离子体。劳伦斯·伯克利国家实验室的物理学家托马斯（James Thomas）当时参加了相对论性重离子对撞机的一项研究实验，他说道："这好像暗示有怪事发生。""但说得过分就欠明智了。"

美国物理学家对欧洲核子研究中心的研究结果表示怀疑，同样，欧洲物理学家对相对论性重离子对撞机的研究结果也持保留态度。虽然欧洲核子研究中心的物理学家洛伦索（Carlos Lourenço）承认，相对论性重离子对撞机的测量结果与夸克—胶子等离子体是一致的，但是，他谨慎地认为，它们并没有显示出普通物质与夸克—胶子等离子体之间那种细致而完全确定的相变过程。到2002年末，相对论性重离子对撞机的研究已经非常接近正式公布的时刻；随着研究结果源源

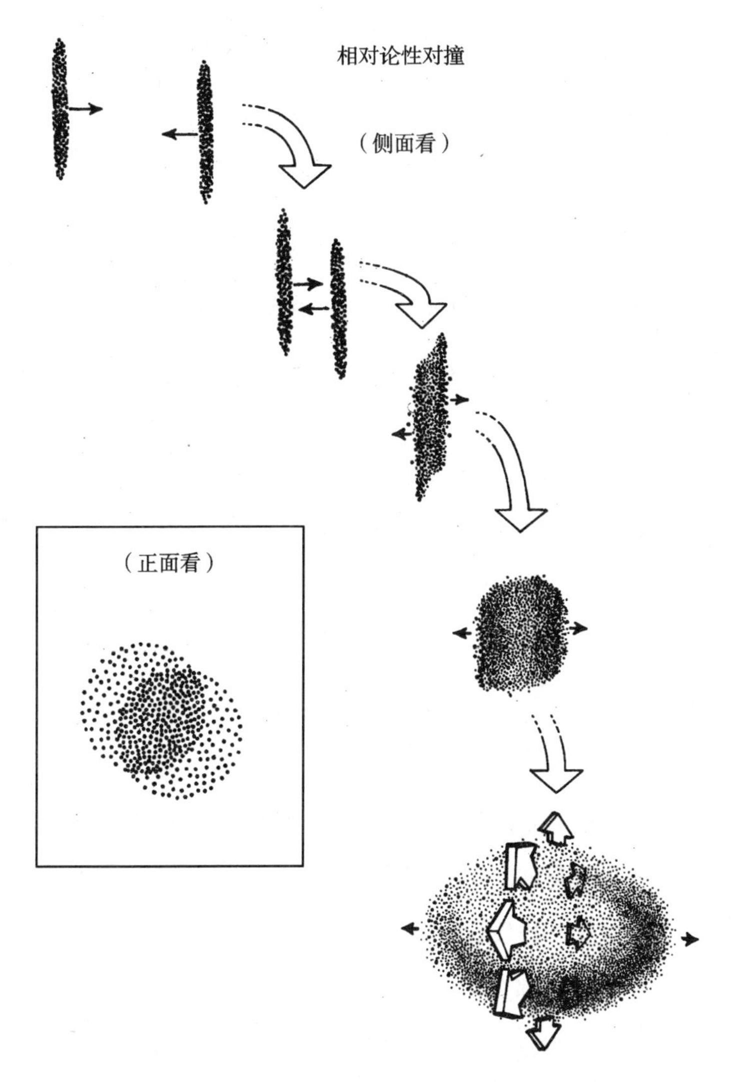

重离子以大于光速 99%的速度对撞

不断地涌现，研究人员将会收集到越来越多的证据，证明夸克的退禁闭。按照布鲁克黑文国家实验室科学部主任柯尔克（Thomas Kirk）的说法，当有了三条可靠且独立的证据证明夸克—胶子等离子体的存在时，布鲁克黑文国家实验室就会向全世界宣称发现了夸克—胶子等离子体。到 2004 年或 2005 年，就应该有足够的证据一锤定音。

还有很多事尚待肯定。夸克—胶子等离子体的发现，可能会为发现者赢得诺贝尔奖。更重要的是，它或许有助于解决一个关于重子物质的长久难题：究竟为何会有物质？实际上，乍看起来物质就不该存在。

说这种话似乎是口不择言；宇宙中有那么多物质——有无数恒星、星系和星系团——却说这些东西一开始就不应该存在，这话听起来很荒谬。然而，如果我们看一看大爆炸之后不久宇宙的状态，就知道夸克和胶子正是诞生于这场强大能量的巨变中。每一个夸克，都有一个与之相对应的反夸克。因此，当三个夸克聚集在一起形成一个重子时，在宇宙某个地方一定会有三个反夸克也在凝缩，形成一个反重子。在宇宙还非常年轻的时候，宇宙中应该有等量的物质和反物质。物质和反物质相互湮灭，因此，等量的物质和反物质应该已经相互彻底摧毁，粒子逐个相互湮灭。应该什么都没有留下来。

然而，宇宙中却有大量的物质，而且就科学家所知，反物质很少。这似乎说明早期宇宙中的物质多于反物质。当物质和反物质相互湮灭时，有些物质留了下来。这种剩余物质就是宇宙最初包含的物质中的一小部分，它们组成了宇宙中所有的恒星和星系，以及所有的重子暗物质。不论是什么样的过程创造出宇宙中的重子物质，由于某种原因，这个过程肯定对物质更有利，而对反物质不利。物质和反物质并不真正是质量相同、符号相反：这两者之间的某些细微差别，使物质比反物质更容易形成。物质和反物质并非精确地呈镜像关系，它们的对称性已被打破。宇宙中物质的存在（包括我们自己的存在），都归功于那个被打破了的对称性。

在粒子加速器中做一次回归宇宙之初的旅行，使科学家了解到是什么条件导致物质取胜，而反物质湮灭。例如，利用相对论性重离子对撞机进行研究的物理学家已经知道，在碰撞中产生的反质子相对质子所占的比例，是从最低能量碰撞中的几乎为零（没有反物质产生），上升到高能碰撞中的大约65%（每创造一个质子，就有两个反质子产生）。随着相对论性重离子对撞机加速器越来越强大，其条件也将变得越来越像大爆炸后那一刻的新生宇宙。

正当科学家苦苦等待着关于相对论性重离子对撞机重新创造了早期宇宙的条件的正式声明之时，其他研究机构也在使用不同手段，探索着物质和反物质的性质。总之，物质的问题远非夸克和胶子那么简单。

第九章
好消息：奇异中微子

中微子，极其微小。

不带电荷，质量微不足道，

不相互作用，没有任何干扰。

地球算老几？个头大又有什么好。

穿堂入室，身形缥缈，

透过玻璃，我自逍遥……

——厄普代克（John Updike），

《宇宙的苦恼》（*Cosmic Gall*）

即使科学家正在迫近重子的诞生，迫近普通物质的诞生，他们仍然认识到自己漏掉了故事的大部分情节——非重子物质的故事。计算宇宙中物质质量的所有实验结果都是相符的。重子物质大约是 Ω 的 5%，而宇宙中物质的总量约为该值的 7 倍。很明显，这意味着宇宙中大多数物质并没有计及。大多数物质都不见了。这些不见了的物质，必定具有某种非重子物质形式，某种并非由夸克组成的“奇异的”物质形式。很幸运，还有别的与夸克一样最基本且不可分的粒子。电子便是其中最常见的，此外，科学家对电子的一些较重的同胞兄弟，即 μ 子和更重的 τ 子，也已有了充分的了解。这三种粒子构成了半数轻子。

宇宙中的全部物质——科学家不论在什么情况下都会遇到的所有物质——要么是由夸克组成，要么是由轻子组成。宇宙中的奇异物质不可能由夸克组成，所以，我们必须把注意力放在轻子身上，以解开那些失踪物质之谜。然而，到目前为止，我们所遇到的三种轻子，还不能构成宇宙中全部的奇异物质。μ 子和 τ 子不稳定；μ 子在百万分之一秒内衰变，τ 子在不到万亿分之一秒内衰变。因此，它们没有足够的时间存在，并作为大量失踪物质考虑。[1]即使是电子，尽管它们十分稳定（且常见），也无法把那么多奇异物质都看成是由它们组成的；如果它们飘荡在空间，那么它们携带的电荷就会让它们原形毕露，科学家并没有发现有大量不受束缚的电子在宇宙中四处乱飞。通过排除法，存在的疑问自然就落到三种剩下来的轻子（即中微子）身上。然而，到目前为止，中微子是粒子群中最使人产生误解和最难以捉摸的。直到几年前，还没有人知道中微子有多重，甚至连它们到底有没有重量也不知道。中微子几乎无法被发现，因此，科学家连它们的最基本性质都无法测量。没有人知道中微子是否有质量，是否以光速运动。

在过去的几年中，环绕着中微子的迷雾终于被逐渐驱散。科学家已经开始测量中微子的质量及其性质。中微子天文学家甚至还利用它们来分析天体，就像普通天文学家利用光的粒子（即光子）来分析天体一样。中微子时代已经到来。此时，宇宙学家终于开始得以了解神秘的奇异物质，这种物质加起来要比宇宙中的重子物质多得多，就像一辆汽车要比一个人重得多一样。

关于物质的故事，前半部分与夸克和胶子（强力的产物）有关；后半部分则把话题从夸克转向轻子，从强力转向**弱力**。这些就是标准模型中的最终组成部分，该模型是科学家首要的理论，指引着他们进行探索，以了解宇宙中的物质，并找出所有失踪物质身在何处。在宇宙学家能够认识到宇宙的广袤浩瀚之前，粒子物理学家必须告诉他们宇宙是由什么组成的。目前，粒子物理学中最炙手可热的话题就是中微子。

最初，中微子只是一种计算手段。1930 年，物理学家泡利（Wolfgang Pauli）意识到，自然界是在一个叫做 β 衰变的过程中伪造了自己的账本。我们已经简单地介绍过 β 衰变，这是一个中子借以转变成质子的过程。β 衰变在自然界一直都在发生；不只是自由中子以这种方式衰变，某些不稳定的元素（如钴 60），也会通过释放一个电子，把一个中子变为一个质子而变得更加稳定。β 衰变似乎违反了物理学的一条最基本规则：动量不再守恒。泡利意识到，这准是出错了。

物理学中有几个思想几乎是神圣不可侵犯的，而且对宇宙的运转方式来说也是基本的。举个例子，科学家认为，能量既不能创造，也不能消灭；能量能够消失，能够改变形式，能够转变成物质，但是不能完全消灭，也不能无中生有。[2]这就是能量守恒定律：任何事件发生之前所有的能量，必然与该事件发生之后所有的能量相等。在涉及能量时，自然界看来把自己的账本保管得非常小心。

对于动量来说，情况是一样的。把动量看成类似某种“推力的作用量”，最容易理解，因此它往往是物体的质量和速度的函数。[3]一个物体越大且运动得越快，其动量就越大——如果它向你砸过来，你就得设法避开它。例如，一辆以15英里（约24千米）的时速开过来的轿车，在碰撞时造成的伤害比时速为5英里（约8千米）的汽车造成的伤害要大。它的动量比较大是因为它运动得比较快。如果是一辆公共汽车以时速15英里开过来，那就更危险了，因为它的质量更大，所以动量也更大。

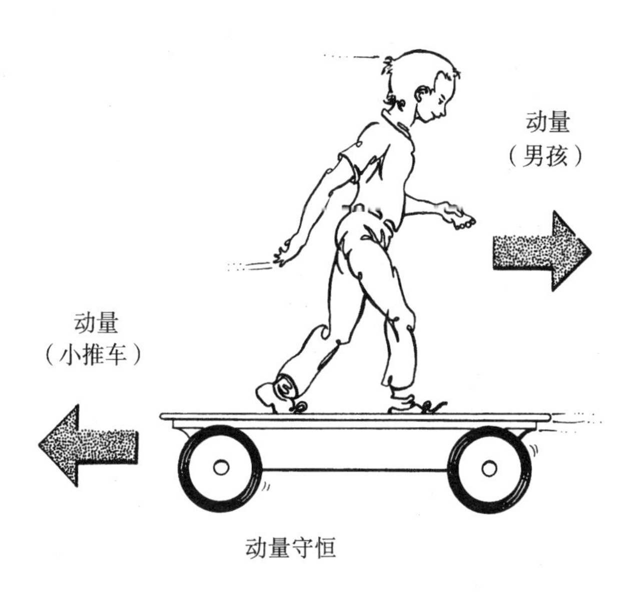

动量守恒

与能量一样，动量能够转移或者再分配，但是在没有外力时它就不能创造，也不能消灭。如果你有一辆儿童玩具四轮车，或身边有一辆带轮小推车，就可以明白这个原理。（小心地）站在车上的一端，然后向另一端走去。你会注意到，在向前走的时候，小车会往后移动，而不是原地不动。这是因为你和那辆小车一开始没有动量，而当你开始走的时候，你得到了一些动量，因为你在较快地运动。为抵消这个作用，小车得到了一些负动量。它向相反方向运动，保持净动量为零。[4]

β 衰变过程与玩具四轮车的例子有很多共同点。一个静止的动量为零的中子，释放一个具有动量的电子。为抵消这个作用，中子得到一点负动量。它向相反方向飞去——比电子慢一些，因为它的质量较大。当泡利观察该电子的运动时，把它与中子的运动作比较，发现这两个粒子的动量加起来并不是恰好为零。还剩下了一些动量。泡利认为，要么应该把动量守恒定律抛弃，要么就是还有某种不可见的、（几乎）无质量的粒子从那个衰变的中子飞出，带走了那一丁点儿动量。泡利选择了后者。他的结论是，肯定有一种不可见的小粒子，帮助自然界保持它的账面收支平衡。几年后，费米（Enrico Fermi）为这个粒子起了个绰号叫中微子，意大利语的意思是“微小的中性粒子”，这个名字一直沿用至今。[5]

科学家怎么能够证明这不是泡利凭空想象出来的事呢？检测这些不可见粒子是异常困难的。这些粒子几乎没有或根本没有质量，这使它们几乎不受引力的影响（虽然它们数量很大，在宇宙尺度上显得很重要）；它们不带电荷，这使它们不受电磁力的作用；它们甚至不受把夸克紧紧束缚在一起的强力的影响。由于它们不因这些力而偏离或受到影响，所以几乎不可能被俘获或被探测到。事实上，中微子（和反中微子）藐视周围的一切，极少屈从而与物质发生相互作用——例如，它们基本上不与组成各种类型的探测器的物质发生作用。一个典型的中微子可以穿过整个地球，却毫不理会这个它所通过的巨大的物质团。

然而，1956 年，科学家发现了这些微小粒子。洛斯阿拉莫斯国家实验室的物理学家莱因斯（Frederick Reines）和考恩（Clyde Cowan）发现，有反中微子从南卡罗来纳州萨凡纳河核电站裂变反应堆中涌出。根据理论，核反应以极大速率产生反中微子，因此，莱因斯和考恩在一个容器内满满地注入了1吨多的液体。该液靶有大量的质子，当受到反中微子轰击时，物理学家看到了逆 β 衰变。(如果一个反中微子打击一个质子，这个质子就释放一个反电子，自己则变成一个中子。) 尽管有大量反中微子通过这样一个庞大的目标，但逆 β 事件却相当少见，每隔1分钟左右才发生一次。虽然这样少见，但它们却是反中微子存在的确凿标志；它们把质子变成了中子。中微子和反中微子对物质的作用极其微弱，所以莱因斯和考恩指出，只有在极其偶然的情况下，中微子（或反中微子）才会屈就与靶目标相互作用。(因为这个发现，莱因斯获得了1995年诺贝尔奖。) [6]

如果中微子很少受到引力、电磁力以及强力的影响，那么它们又如何与物质发生相互作用呢？**肯定**还有第四种力在影响着中微子，这种力没有强力那样强，而且只在微小的距离内有影响。然而，中微子的确受到这种所谓的弱力的影响，而正是由于这种弱力，科学家才发现了中微子。

这种弱力是物理学家经过多年努力建立起来的、用以解释亚原子世界的一种数学模型的组成部分。这个模型就是标准模型，它描述了物质的组分——夸克和轻子——以及它们之间的相互作用力，包括强力、弱力以及电磁力。[7] (引力和粒子质量没有直接包括在标准模型中，其中的原因后面将谈及。) 标准模型在预测物质性质方面十分成功，令人赞叹不已。例如，物理学家德梅尔特（Hans Dehmelt）因为测量到电子如何在磁场中发生扭转而获得1989年诺贝尔奖。他所测到的值与标准模型预测的值相比，精确到小数点后10位。不论从哪方面说，标准模型工作得都很出色。因此，物理学家对它极为痴迷。

标准模型中的各种力，是由与夸克和轻子相互作用的粒子携带或

介导的。我们已经讨论过其中的两种力的携带。符号为 g 的胶子，它介导强力，形成夸克之间的吸引力，从而也形成了它们的色禁闭。电磁力的携带者实际上就是光子，它使电子与质子联系在一起，也使冰箱上的磁体与铁相吸引。光子用希腊字母 γ 表示。虽然物理学家实际上看不到这种从质子向电子飞去的光子，但可以从这些粒子的表现中看出，有光子正在被放出，然后被吸收。[8]

虽然弱力是标准模型的一部分，但是它和其他力不同。弱力不像强力或电磁力，它能改变夸克和轻子的味。例如，它能够把一个下夸克变为一个上夸克，或者把一个中微子变为一个电子（反之亦然）。又如，在中子衰变中，弱力把一个下夸克变为一个上夸克。就像电磁力是由光子传递的那样，这种衰变是由弱力的携带者传递的，在这里，就是 W^- 玻色子。（还有其他两种传递弱力的粒子：W^+ 玻色子和 Z 玻色子。）[9]

中微子是用小写希腊字母 ν 表示的，它对光子和胶子的作用几乎没有什么反应，但是却受 W 玻色子和 Z 玻色子（弱力）的影响，因此，当中微子与物质在探测器中出现弱相互作用时，科学家能发现它的存在。例如，当它与一个质子交换一个 W 粒子，把这个质子变为中子时，莱因斯和考恩便发现了反中微子。

一旦科学家明白了如何检测中微子的存在，他们就小心翼翼地开始研究中微子的性质。第一个意外发现是在 1962 年，当时莱德曼（Leon Lederman）和他在哥伦比亚大学和布鲁克黑文国家实验室的同事发现，中微子不止一种。他们当时正在研究某些介子衰变为电子的一种较重的同胞兄弟，即 μ 子。在莱德曼的研究组检测到这些在反应中产生的中微子（严格地说，是反中微子）时，他们注意到一件怪事。当参与产生 μ 子反应的中微子与物质相互作用的时候，只产

生 μ 子。另一方面，参与 β 衰变的中微子却只产生电子。好像存在着行为不同的两种不同类型的中微子，一类与电子反应有关，另一类与 μ 子反应有关。这是一个意外发现：中微子的味不止一种。那些不可见粒子分为不同种类。与电子相互作用的那种粒子，即电子型中微子，用符号 ν_e 表示；μ 子型中微子用符号 ν_μ 表示；τ 子型中微子——由于与之作用的 τ 子的罕见性，所以 τ 子型中微子直到 2000 年才被直接发现——符号自然就是 ν_τ 了。(1988 年，莱德曼因发现中微子的味而获得诺贝尔奖。)

这三种中微子是标准模型拼图板上的最后几小块。前面章节曾谈到夸克的六种味：上，下，奇异，粲，底，顶。现在加上六种轻子：电子，μ 子，τ 子，以及相应的中微子。这些就是组成物质的所有基本粒子。携带力的粒子（即那些使物质相互作用的粒子），包括光子、胶子、两种 W 玻色子和 Z 玻色子。那些粒子与携带力的粒子之间的相互作用，描绘了物质几乎所有的基本性质。标准模型则把这些全部包括进去了。这个理论极有威力，是 20 世纪最伟大的成就之一。

很自然，宇宙学家认为，有了这样一个强大的理论，通过研究标准模型中的粒子，他们就能够解释宇宙中失踪的物质——那些构成 6/7 宇宙质量的非重子物质。夸克不在待选者之列，因为它们构成的是重子物质。电子、μ 子、τ 子也不是待选者，因为它们带有电荷，而且 μ 子和 τ 子衰变太快。这样就只剩下中微子能够成为失踪的暗物质的待选者。但是它们有多少质量呢？它们能够比宇宙中的重子物质的量还要多吗？科学家正在查明这个问题，在这个过程中，他们把标准模型扩大到了极致。

严格说来，这种原始的标准模型，没有提及任何关于粒子质量的

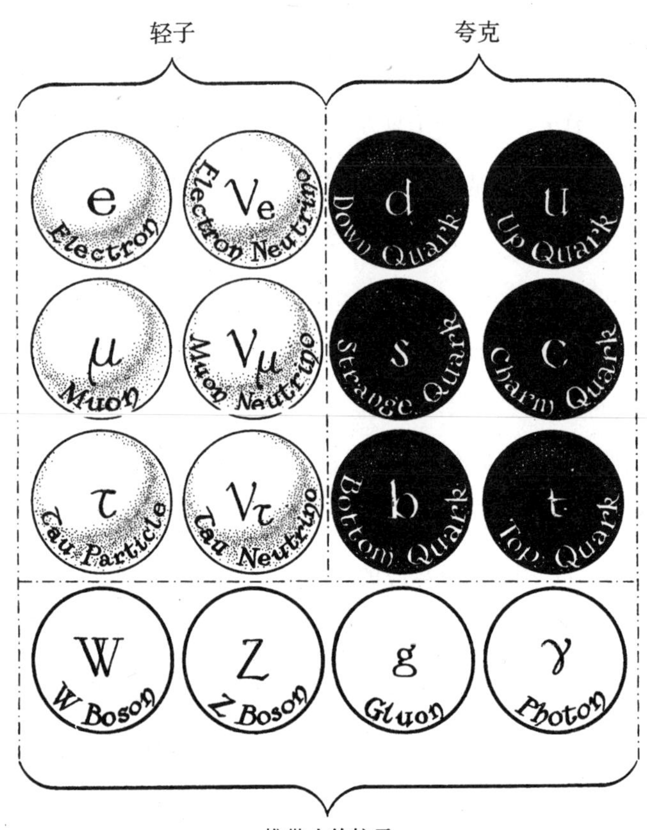

标准模型的基本粒子

事。事实上，如果理论学家设法把质量放进该模型的方程中，这些方程就会毁于一旦，变得毫无意义。[10]关于中微子有多少质量，标准模型无从知晓，中微子甚至可以根本就没有质量。实际上，物理学家宁愿要一个没有质量的中微子，因为如果中微子有质量，那么就会有十分离奇的事情发生，它们会自发地转换它们的味。

比方说，如果一个电子型中微子没有质量，它就会一直保持是一个电子型中微子，直到它与另外一个粒子发生相互作用之前，它表现得像一个电子那样。然而，一旦物理学家通过将一些多余的项硬塞进标准模型，再处理掉数学上多余的东西，从而假定中微子具有质量，则描述那些中微子的方程就会彼此掺合在一起。一个电子型中微子就不再能够被当成一个“纯”电子型中微子，而是根据那些方程，获得了 μ 子型中微子和 τ 子型中微子的某些性质。[11]（这类事情在量子世界里经常发生。）还有，这样一种混合不会保持不变；随着电子型中微子的传播，它会不知不觉地获得越来越多 μ 子型中微子的性质，直到它实际上变成 μ 子型中微子。一个电子型中微子必然会通过**振荡**而成为一个 μ 子型中微子和一个 τ 子型中微子，反之亦然。因此，如果你设定中微子有质量，那么它们的一生就变得格外复杂：它们不断振荡，在传播中换味。反过来说，如果它们有振荡，则它们必然有质量。

科学家自然喜欢相对来说没那么复杂的情况。他们假定，中微子没有质量，因此它们没有振荡。由于中微子没有任何质量，宇宙学家可以放心地不去管它们。即使宇宙中可能布满了中微子，这些没有质量的粒子也不会给 Ω 增加任何东西。因为没有质量，中微子就不会影响时空曲率，也不会影响宇宙中物质的量。这样一过就是 30 多年。这东西实在太难检测了，科学家既没有办法发现它们的振荡，也做不了有关中微子性质的任何复杂实验。

在过去几年中，科学家关于中微子的构想，突然间有了柳暗花明的转机。新一代中微子探测器，终于赋予科学家解开中微子之谜的能力。他们发现中微子还是有质量的。这个发现，让宇宙学家恍然大悟：既然中微子有质量，那么它就掌握着那些失踪物质，即那些尚待发现且大大重于宇宙中普通重子物质的奇异物质的某些秘密。

在日本神冈山的地下深处，一个巨大的圆柱形水容器正在恭候中微子的到来。超级神冈中微子观测站安装了成千上万个传感器，用于检测中微子与容器中的粒子的相互作用，提供了中微子具有质量的第一个可靠的证据。

被誉为“超级 K”的超级神冈检测器，实际上是一个敏感的测光计。当一个中微子与容器中的一个粒子反应时，就会有一个电子或 μ 子（或 τ 子，就此而论）以极大速度飞出。实际上，它的飞行速度非常快，所以会放出一种相当于音爆的电磁脉冲，即一种叫做切伦科夫辐射的闪光。容器壁嵌满了光电检测器，用来接收这种闪光。由于许多其他高能粒子，如 γ 射线或宇宙线，也会导致粒子飞出，并使其闪光，所以，“超级 K”必须屏蔽外部辐射源，这样就得把实验室埋在一整座石头山底下。宇宙线、γ 射线都不能通过这个巨大的保护层；这些射线被吸收掉了，因为它们很容易与物质发生相互作用。而中微子则会毫不费力地穿透岩层，被检测器接收。“超级 K”实验并不是第一个深埋于地下的实验。然而，由于它规模庞大，所以比它的前辈灵敏得多。此外，“超级 K”还有一个优点，它能够十分准确地告知某个特定的中微子是从哪个方向来的。这就使科学家有能力进行有关大气中微子的有趣实验，这项实验使科学家第一次真正了解到中微子的性质。

地球不断受到宇宙线（撞击大气层的带有极高能量的粒子）的轰击。[12]当宇宙线撞击时，它产生次级粒子流，其中包括中微子。然后，这些大气中微子继续畅行。在比较从实验室上方来的大气中微子，与从实验室下方来的大气中微子（即在地球另一端形成，并穿过整个地球才撞击到检测器的中微子）时，“超级 K”显示出了它的不凡本领。所有这些大气中微子看起来都应该相同，因为它们是由同样过程形成的——除非它们振荡。如果中微子在传播时有振荡，那么从整个地球急速穿过的中微子流，在它们的传播过程中应该在某种程度上换味。当它们到达检测器时，经长途跋涉过来的中微子与从大气层边缘只运行了几千米就到达检测器的中微子相比，两者电子型中微子、μ 子型中微子和 τ 子型中微子的比例应该不同。换句话说，如果从下面来的中微子与从上面来的中微子有不同的味的混合，那么中微子肯定是振荡的。这正是 1998 年“超级 K”研究组公布的结果。他们看到了振荡的真凭实据。这是一个令人惊叹的发现。科学家第一次认识到中微子肯定有质量，尽管这个量非常小。

2001 年，埋于加拿大安大略省萨德伯里地下 2 千米处一座镍矿井中的第二个中微子检测器，确定了中微子振荡的情形。这一次是通过研究来自太阳的中微子，而不是来自地球的中微子来确定的。太阳的能量来自核聚变：太阳中的氢和其他轻元素互相碰撞，形成一种更重的元素（如氦），并且在这个过程中释放能量。虽然从氢到氦的反应直到目前为止还是太阳中最主要的核反应，但是在太阳中还进行着其他核反应，而且除了氢和氦之外，还有其他元素的踪迹。硼 8 尤其值得关注，因为在进行 β 衰变时，它释放出一个高能电子型中微子，这种电子型中微子飞入太空，几乎丝毫不受引力和电磁辐射的影响。许多这样的中微子穿过地球。理论学家以为自己牢牢掌握了这种来自太阳的中微子的数量应该是多少。然而，当科学家想要测量这些太阳中微子的数量时，其结果总是不够。这些中微子的数量太少了。这就是太阳中微子悖论。[13]

2001 年中，当萨德伯里中微子观测站的研究人员宣称找到了失踪的中微子时，这个悖论终于得以解决。从太阳放射出来的电子型中微子，简单地振荡变成了更难以检测的 τ 子型中微子和 μ 子型中微子，所以未引起人们的注意。(在电子型中微子周围有很多电子，可以使电子型中微子与之相互作用，但是 μ 子很少，τ 子则更少，因

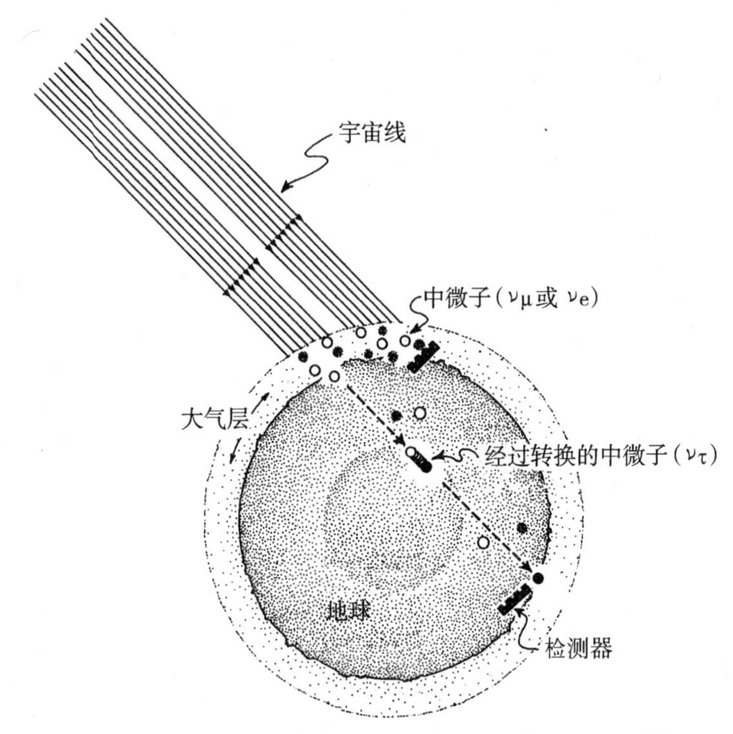

在大气中产生的中微子在穿过地球时转换味

此，μ 子型中微子和 τ 子型中微子相互作用的机会小得多，极少被检测器检测到。）灵敏度非常高的萨德伯里中微子观测站不仅能够发现电子型中微子，而且也能发现 μ 子型中微子和 τ 子型中微子，当他们把总数加在一起时，得到了来自太阳的中微子的预期数目。[14]这是另一个证明中微子振荡且具有质量的证据。

科学家甚至还直接观测了这种振荡。在日本筑波的高能加速器实验室，科学家一直在创造 μ 子型中微子束，这是他们想在 250 千米以外的“超级 K”检测器上检测的东西。这种检测十分罕见，两年中，他们仅接收到 44 个 μ 子型中微子，虽然他们本应看到 64 个。这又是一个中微子转换味的迹象。中微子具有质量，但是有多少质量呢？没有人能肯定。

当物理学家迅速地对中微子的性质进行研究，并计算出中微子的质量及其振荡方式时，他们才能最终了解这些科学已知却最难以捉摸的粒子。中微子还有许多性质尚待了解。例如，某些理论认为，中微子还有其他味存在，而这些味与 τ 子、电子和 μ 子并没有联系。这些所谓的惰性中微子存在的可能性越来越小，也许以后会被排除掉。还有一些物理学家认为，某种中微子具有成为自己的反粒子的诡异特性。具有这种性质的粒子，叫做马约拉纳中微子，而传统的中微子叫做狄拉克中微子。马约拉纳中微子应该产生一种奇异衰变，关于这些奇异衰变，科学家还没有可靠的发现。到 2010 年，这些问题中的大部分应该得到解答。[15]

不过，宇宙学家已经注意到：中微子是振荡的，因此，它们有质量。由于中微子有质量，所以它们就会对时空曲率产生微小影响，必须把它们算进宇宙的物质部分 Ω_m 中，科学家认为 Ω_m 大约占 Ω 的 35%。然而，中微子不是像原子这样的重子物质，所以，它们不属于重子的 Ω_b 那部分，而 Ω_b 那部分只占 Ω 的5%左右。因此，中微子属于奇异物质，即那些占 Ω_m 其余部分的非重子物质。那么，这样是否就解开了失踪物质之谜了呢？这些失踪物质能够比宇宙中其他物质还要重吗？

出人意料，答案看来是否定的。2002 年，“二度视场计划”公布的结果表明，中微子只构成宇宙暗物质的一小部分。它们只不过是暗物质的皮毛而已，不过，由于暗物质比普通物质丰富得多，所以中微子合起来的质量与宇宙中全部恒星和星系的质量一样多，但这还是解决不了失踪物质这个难题。

那么，为什么费这么大力气讨论中微子呢？虽然没有足够的中微

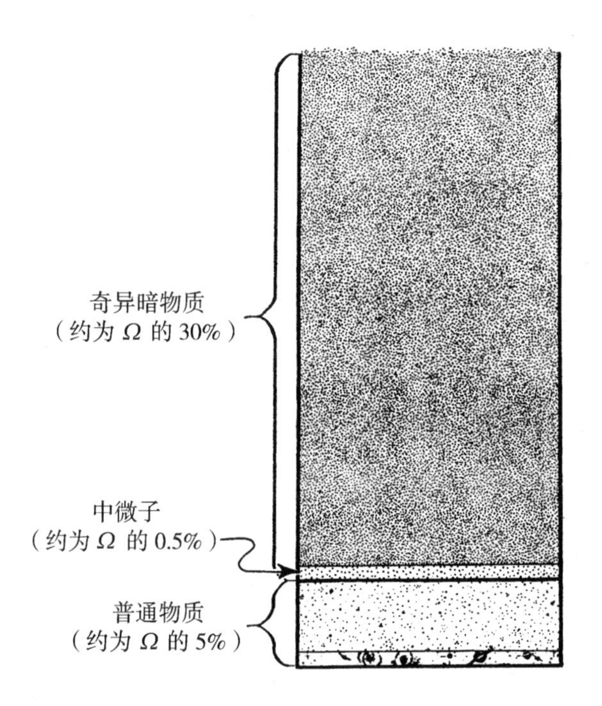

子以构成 Ω_m 的全部非重子部分，但是，看来它们差不多和天文学家能够看见的所有物质一样多。这些不可见粒子，的确是奇异暗物质的一个实实在在的例子，而且，它们也许与宇宙中其他奇异物质有很多共同点。是的，宇宙中还有比中微子更奇异的其他物质。

科学家已经排除了标准模型中的所有夸克和轻子（包括中微子），是奇异暗物质的主要来源。然而，Ω_m 的一大部分仍然没有着落。会不会这是标准模型范围以外的物质造成的，而这种物质是理论中没有说明的呢？大多数科学家认为是这样的，而且，和中微子一样，这种超奇异物质只能通过弱力相互作用。因此，从某种意义上说，中微子是标准模型与超出我们目前理论的那种东西之间的一种联系。只有把中微子弄明白了，科学家才会对这种构成宇宙大多数物质的诡异的东西开始真正有所了解。

通过研究中微子，科学家开始真正探索非重子物质的性质，它们是宇宙的奇异暗物质中相当大的部分，不过，这离全部答案还远着呢！至于其余的，科学家正在寻找一种比这还要奇异的粒子，信不信由你。

第十章 超对称：勇敢地构想物质定律

……但是，当出现其他不可避免的障碍时，以创造力加上敏锐性，做一些对称关系方面的增减是允许的，这样做的结果，或许不会与真正的对称产生的美不同。

——维特鲁威（Vitruvius），

《建筑十书》（*The Ten Books on Architecture*）

有一些东西，比中微子更奇异；有一些东西，比几乎无质量的粒子更难发现——很多物理学家都这么认为。如果他们的看法正确，那么描述物质所有已知性质及其相互作用的标准模型，大概要做显著的改变。物理学家已经构想了一个关于物质的理论，听起来像是从《星际迷航》（*Star Trek*）剧情中直接拷贝来的：它提出，每个粒子都有一个尚待发现的幽灵，一个鬼魅般的孪生**超级搭档**，这个搭档的性质与我们所知道的粒子的性质有着天壤之别。虽然用这个理论取代标准模型，会使粒子王国的规模增加一倍，而且所提出的大量粒子尚待发现，但是科学家仍然很快就对它产生了兴趣：这便是超对称。如果超对称是正确的，那么这些目前尚未发现的伙伴粒子，说不定就是奇异暗物质的来源，就是占宇宙几乎全部质量的非重子物质。如果真是这样，那么物质的奥秘就会被全部揭开，宇宙学家就会了解宇宙中每一丁点儿质量的成分。

然而，超对称还有另一面。它不光解释了物质的性质，它还把标准模型扩展到宇宙处于更加炽热、更加致密的一个短暂的时刻，即大爆炸之后不久、夸克—胶子等离子体尚未形成之时，那时，已知的物理定律是不适用的。如果超对称是正确的，那么科学家就能分析差不多宇宙诞生时的瞬息情况，使他们得以一睹在炽热的巨变后刹那间出现的景象。

如果这些影影绰绰的伙伴一直无法被发现，那么超对称理论就只不过是一个数学玩具而已，它就像托勒玫宇宙一样，仅仅用来解释一下宇宙的运转，却不会反映现实。对超对称来说，下一个 10 年极为关键。也许科学家会证实它，找出第一个超对称粒子；或者他们会失败，从此放弃这个理论。有一台粒子加速器已经在运转中，有希望让一个隐藏着的超对称粒子现身。如果超对称是正确的，那么正在建造中的第二台加速器，几乎可以保证能够找到这样的粒子。在今后 10 年中，科学家将会证实一个革命性理论，这个理论能够揭示宇宙在大爆炸时刻的状态，也能够揭示宇宙中所有奇异物质的藏身之地。不然，他们就得另起炉灶。

放心吧！虽然前几章连续不断地说到重子、轻子以及介子，但是我们并未涉及粒子物理学的细节。标准模型的全部工具都由我们随意支配。如果想一想我们必须了解多少粒子，才能获得对标准模型的理解，那么将标准模型的规模加倍，看上去就像是一种受虐行为。然而，这正是科学家设法要做的。超对称最基本的宗旨就是：标准模型上的每一种粒子，都有一个超对称的伙伴。（超对称电子称为标量电子，超对称夸克称为标量夸克。还有标量中微子、光微子、胶微子、W 微子和 Z 微子，等等。）每一个**超对称粒子**都与自己的孪生粒子有联系，但它们并不相同。而且，只是由于这些超对称粒子的存在，才会微妙地改变标准模型的预测。

标准模型规模的加倍增大，看上去应该会使粒子物理学加倍复杂。其实没有。实际上，对于物理学家来说，超对称和标准模型看起来几乎相同；标准模型（和超对称）中所有的不同现象，其实是同一个数学对象——一种对称群——的不同方面。

对称性是研究物体基本结构的有力工具。从某种意义上说，对称性只不过是模式的别致用语，而科学的核心就是寻找模式。一块晶体，如钻石，是高度对称的，因为它的原子形成了一种有规律的模式，由于这种模式如此有规律，所以科学家很容易对它进行描述。（至于科学家买不起钻石，那是另一回事了。）粒子物理学的标准模型，也是对称性的一种描述；具体地说，它是一个数学理论，这个理论体现了所有支配亚原子粒子行为的对称性。

这是一个十分抽象的说明。打一个具体的比方，设想一下你手里握着一个骰子。虽然你不知道骰子的形状，你还是可以尝试勾勒出它的基本结构：它有几个面？为了确定这一点，唯一允许你做的事情是做一些实验，把骰子投掷几次，看一看有什么情况发生。过了一会儿，经过几次投掷，你发现 1、2、3、4 这几个数字反复出现。也许这些数字并不是以相同频率出现，也许骰子有一点偏性，但是此刻，可以先不去管这些。在看到1、2、3、4这些数字一再出现时，你就发现了一种模式，你就可以作出一个假设，例如暂且认为这个骰子有像一座金字塔那样的四个面。

说到此，一切正常，你已经给出了骰子的基本结构的一个模型。科学家在提出自己的模型时，正是这样做的。例如，那许许多多的化学元素，原来就像没有基本结构但有联系的一堆杂物。然而，由于发现了元素周期表——支配元素之间关系的一种对称性——化学家就能够把一个个对象纳入一个更大的体系，即单一的对称性对象之中。实际上，这与你在把骰子的形状假设成像金字塔的过程中所做的事是一样的。你可以把1、2、3、4这些结果，当作同一个金字塔状的对象的各个不同的面。这有点复杂，但是这样做，你就改变了看问题的角度。你不必设法了解在投掷骰子时是什么原因造成每个数字的出现，而是想办法了解支配每一个结果的潜在对象的形状是什么。

粒子物理学家在设法了解亚原子世界的结构时，就是这样做的。当然，他们做的实验不是投掷骰子。（实际上，人人都知道物理学家最讨厌投掷骰子。）[1]物理学家通过观察亚原子粒子在云室中的轨迹，来研究亚原子粒子的性质。他们也会让粒子相撞，观测出现的粒子喷注。就像你每次投掷骰子都能得到不同的数字一样，物理学家每次让粒子相撞，都得到不同的喷注结果。有些粒子是常见粒子，很容易形成（比如电子），有些则很难形成，也比较稀有（比如μ子）。

经过成千上万次实验，科学家研究出一种数学结构，以便能够解释自己的观察结果。他们勾勒出自己的骰子的形状，而这个“形状”就是标准模型的基础。这个比喻或许比我们期待的深奥一些。但是从数学意义上说，这个标准模型的确就是形态的分类。

这个形态最初的点点滴滴是在20世纪60年代发现的。盖尔曼提出了夸克理论。他的主要功绩在于为粒子群体发现了一种基本的形。当他研究（我们现在知道的）由上夸克、下夸克以及奇异夸克组成的那八种重子时，他看到了一种模式，并起了一个名字叫**八正法**（eightfold way），这个名字是根据佛教中追求高尚人生，以达到理想境界的教义而起的。[2]盖尔曼眼中的“八正法”模式，被称为对称群。标准模型是一个更宏伟的设计，一个把盖尔曼的夸克与宇宙中所有其他已知的基本粒子都结合在一起的更庞大的形。

宇宙中所有已知粒子，都在这个标准模型的抽象的形上占有一席之地。这个形不能够轻易形象化，因为它是一个七维对象，[3]但是这个形内在的对称性，规定了确定亚原子世界性质的规则。

再回到投掷骰子的比喻。投掷次数越多，你对骰子形状所作假设的正确性就越有把握。然而，有可能发生意想不到的事，从而打乱你对骰子的了解。例如，设想一下，你把骰子投掷了无数遍，看着1、2、3、4这几个数字的反复出现，于是你信心满满地认为自己是在投掷一个有四个面的骰子，在这个金字塔形的骰子四个三角形面上，各自刻有一个从1到4的数字。接下来，非常偶然地，你在无意间很用力地投掷了一下这个骰子，结果出现了数字5。这个意想不到的结果摧毁了那个关于骰子的金字塔形模型。一个有四个面的骰子，不可能有第五种结果。你不得不修改自己的模型；你必须把它扩大，以解释这个新结果。也许这个骰子有六个面，而不是四个面。如果一个有六个面的模型是正确的，而你只看到五个面，那么简单算一下你就知道，有一个数还没有算进去，尚有待发现。

这恰恰就是粒子物理学中所发生的事情。当盖尔曼提出他的夸克理论时，可以说科学家还没有看到他的骰子的所有的面。盖尔曼的抽象的形的一个面，还没有被观察到，有一种粒子尚未找到。虽然没有实验证据证明这种失踪粒子的存在，但是，如果盖尔曼的理论是正确的，那么这种粒子就**必然**存在。盖尔曼抽象的对象的对称性需要它存在。1964 年，布鲁克黑文国家实验室发现了这种失踪的粒子，即 Ω^- 粒子。盖尔曼是对的。他所说的形，预测了一种新粒子的存在。

标准模型处在目前的最高水平。它不但包括了盖尔曼的对象，而且还以令人难以置信的准确性，描述了过去 40 年中所做过的所有实验中的相互作用。标准模型包含了支配物质相互作用的这个庞大骰子的所有科学知识。这个骰子的质量不是均匀的，它的某些“面”比另一些面更难以看到。然而，科学家在实验中投掷这个骰子的次数越多，投掷越用力（以便克服质量分布的不均匀），他们就越相信标准模型从根本上是正确的。经过亿万次投掷骰子，科学家（总的来说）对标准模型十分满意。然而，还存在一些尚待解决的问题。

其中的一个难题就是**统一性**。在能量足够高的情况下，电磁力和弱力就成为同一种力（电弱力）的不同方面。沙子和玻璃实际上是同一种物质，但是只有在把它们加热到足够温度时这种情况才会变得明显。同样，电磁力和弱力也是同一种东西的两个不同方面，但这只有在极高能的情况下才会表现出来。不幸的是，当你求教于标准模型时，强力不像其他两种力那样容易“统一”。科学家自然希望强力（最终还有引力）也能够成为同一个基本现象的不同方面，使它们更容易被理解。标准模型并没有考虑到强力和电弱力的统一，但是它的扩展产物（即超对称），却做到了这一点。

这只是找寻超对称的一个原因。还有其他原因，例如，标准模型不能解释粒子的质量，而超对称却很自然地进行了解释；希格斯玻色子从超对称方程中萌发了生命，并茁壮成长起来。不仅如此，超对称还很自然地解开了宇宙中某些大困惑，如识别奇异暗物质以及确定推动早期宇宙膨胀的力等。一个由超对称规则支配的宇宙比起一个由标准模型支配的宇宙来，未回答的问题少了许多。然而，超对称存在一个明显的弊端，即它把粒子王国的规模扩大了一倍。

标准模型工作得非常出色，因此，超对称是对它的扩展，而不是代替它，这一点不应该是个意外，正如标准模型扩展了盖尔曼的八正法一样。这就是说，标准模型的“形”，必须包括在超对称的更大的“形”之中。不幸的是，支配形对称的数学规则，即那些群论定理，要求新的、扩大了的形必须至少是标准模型尺度的两倍。由于这个抽象的形只是支配着亚原子世界粒子的一种表示法，所以，把形扩大一倍，就等于把粒子的数目扩大一倍。因此，物理学家以超对称的全部优点换来了一大批尚未被发现的粒子，这是一个弊端。

然而，如果有一种新的粒子被发现，那么这种缺点就立即变成了优点。这有过先例：安德森在他的云室中一发现反电子的模糊轨迹，狄拉克的反电子推断立刻就咸鱼翻身。因此，科学家保留着判断，同时寻找着超对称粒子的踪迹。如果找到了，那就意味着超对称是正确的，而且会使粒子王国的规模扩大一倍。到目前为止，物理学家并没有获得可靠的结果，部分原因是超对称的作用可能非常小。

当你推断一个骰子有六个面而非四个面的时候，你就是改变了对一次投掷中所看到的某个特定数字概率的预测。如果有机会投掷出5或6，你就再也不能百分之百地保证掷出的是1到4之间的某个数。同理，超对称也改变了“掷”出任何一个特定粒子的概率。由于各种粒子的性质与那些“概率”有密切联系，所以，随着超对称对概率的改变，那些粒子的性质也稍稍发生了改变。如果科学家发现某种粒子的某种性质不太像标准模型所预测的那样，那就可能是超对称的微妙影响造成的。

2001 年初，布鲁克黑文国家实验室的科学家因看到超对称的一个可能的迹象而欣喜若狂。当时他们在测量 μ 子的一种叫做**磁矩**（magnetic moment）的性质，这种性质被用于描述一个粒子在磁场中旋转的强烈程度，就在这时，他们发现有点不对头。整整 3 年来，一些物理学家把 μ 子送入一个 14 米宽的超导磁体的磁场中，迫使这种粒子围绕一个圆圈旋转。当科学家分析那个磁场中的 μ 子做了多少次旋转时，他们发现自己的数值与标准模型的预测值相差大约百万分之四。这个差别看上去不大，但是，因为标准模型从未出过差错，所以即便是这样一个小小的误差，都有可能表明这个模型出了问题——也可能是超对称的一个迹象。如果这个实验没问题，那么这个差异就可能是一种看不见且影响着 μ 子性质的超对称粒子的信号。这一发现令全世界的物理学家为之振奋。然而好景不长，到了 12 月，一些物理学家发现标准模型的预测出现了错误；进行计算的两位物理学家在计算时加进去一个多余的负号，把标准模型的预测值搞乱了。当这个小小的错误被纠正后，实验与理论之间的差异骤然缩小，尽管增加的数据仍然在使这个差异加大。到 2002 年末，某种合理的反常似乎仍然存在，不过由于这种反常的幅度太小，所以布鲁克黑文国家实验室的物理学家还不能说自己已经看到了超对称的信号。

对于寻找超对称的科学家来说，这还不是第一件伤脑筋的事。一些看见过的东西消失了，另一些则没有定论。例如，在欧洲核子研究中心，进行四项实验的物理学家曾发现一个诱人的信号，它或许是一种超对称粒子的踪迹。这些实验利用的是大型正负电子对撞机（LEP），这台巨型加速器使电子和反电子对撞，检测器则对能量爆发中飞出的粒子喷注进行测量。标准模型预测说，粒子将会以某种比例产生；会有多少上夸克、电子、中微子，等等。大型正负电子对撞机的这次实验关注的是 τ 子的数目。他们发现，在低能状况下——没有用力投掷骰子时——τ 子的数目与标准模型的预测相符。然而，在高能状况下，τ 子的数目比标准模型预测的多：在本来预测有 170 个 τ 子反应的实验中，却出现了 228 个某种类型的 τ 子反应。这看上去又像是超对称的一个可能信号。但是，科学家无法作出很肯定的结论。要确定那些多出来的 τ 子是超对称的真正信号，还是纯属统计学上的偶然，唯一的办法是用大型正负电子对撞机取得更多数据——多投掷几次骰子——看一看这个差异是增大还是减小。令人遗憾的是，就在物理学家只差几个月就可得到这一结果的 2000 年，大型正负电子对撞机被拆除了，这项实验胎死腹中。不过，取消这个实验有充足的理由。这台加速器之所以被拆除，是为了给一台新的加速器让路，而这台新设备将会把超对称问题彻底解决。

已经为大型正负电子对撞机挖好的隧道，将会安装更加精密的磁体。这些磁体将成为大型强子对撞机（LHC）这个下一代的粒子对撞机的心脏。

如果你站在环绕在日内瓦郊区宁静的草坪底下的大型强子对撞机的洞室中，在一台巨大无比的检测器面前，你顿时会感到自己是多么渺小。仅仅把机器运到隧道中，就是一项艰巨的任务。在某个场地，建筑工人挖掘时必须通过一条地下河，把其中的一个检测器运到下面并安装妥当。因此，他们用液态氮把河水冻结，掘冰穿行，等通道建好后，再使河水恢复流动。[4]可以想象，这样的项目要花费几十亿美元，已经大大超出预算。不过，大型强子对撞机极为壮观，它将成为本世纪第二个 10 年中高能物理学最瞩目的部分。

大型强子对撞机威力十分强大，它具备能够发现超对称粒子的能量。如果它没有找到这种粒子，那么超对称理论将极有可能出局。大型强子对撞机预期将于 2007 年启用，* 运转几年后，我们就会彻底知道，超对称究竟是世界运行方式的一种反映呢，或仅仅是理论家为寻找既美又统一的宇宙所做的一个白日梦而已。[5]

如果我们运气好，就不必等那么长时间。2002 年，位于伊利诺伊州巴达维亚的费米国家实验室，正设法改进另一台强大的加速器（即万亿电子伏加速器）的缺陷，以击败其竞争对手大型强子对撞机。虽然这台加速器在花费了 2.6 亿美元进行改装后出现了一些严重问题，但是科学家相信，这台高能质子和反质子对撞机，可能已经具备找到超对称真凭实据的能力。

对超对称的确认，不仅会使粒子王国的规模扩大一倍，从而为物理学家提供一个全新的探索领域，而且还为宇宙学家寻找奇异暗物质，提供一个全新的猜想。大多数超对称粒子应该是不稳定的，不到 1 秒钟就衰变成其他更稳定的物质形式。然而，其中至少有一种粒子一定是相对稳定的，这就是最轻超对称伙伴（LSP）。科学家不知道这种最轻超对称伙伴是什么，它很有可能是超对称粒子的一种混合体，正如中微子混合在一起，不断振荡，并改变着味一样。然而，20 多年前，研究超对称的科学家意识到，如果这种理论是正确的，那么必然会有许多最轻超对称伙伴在空间飘荡。实际上，与最轻超对称伙伴束缚在一起的质量，应该大于宇宙中重子物质的质量。这听上去似乎很不合理，但是如前面章节所述，宇宙学家不得不接受有很多奇异暗物质存在的想法。超对称是对奇异暗物质恰如其分而又简洁的解释。许

---

* 2008 年 9 月 10 日，大型强子对撞机初次启动，进行试运转。 2015 年 4 月 5 日，经过约两年的停机维护和升级后，大型强子对撞机重新启动，正式开始第二阶段运行。——译者

多科学家自然而然地认为，最轻超对称伙伴就是奇异暗物质的源泉，而且，对于解释大部分暗物质而言，最轻超对称伙伴比中微子更胜一筹，因为一种假设的最轻超对称伙伴的性质，比中微子的性质能够更好地说明宇宙的结构。这是因为中微子是“热”暗物质，而最轻超对称伙伴是“冷”暗物质。

中微子即便具有质量（根据爱因斯坦著名的 $E = mc^2$ 方程，这种质量可以转换成能量），也只是很小的量。中微子大多数质能来自其本身令人难以置信的速度：早期宇宙诞生的中微子，运动速度往往接近光速。这些快速运动的粒子被认为是“热的”，就像在开水锅中快速运动的水分子一样。另一方面，最轻超对称伙伴比中微子重得多——比质子重几十倍到几百倍——因此，其中很多能量会滞留在自己的质量中，而不是在运动中。这些缓慢运动的粒子就是“冷的”，就像一块冰中相对不太活跃的分子那样。

冷暗物质和热暗物质对宇宙结构的发展有不同影响。从理论上说，热暗物质倾向于使较大的结构（如超星系团）比较小的结构（如恒星和星系）形成更早。而冷暗物质往往产生相反作用，使较小的结构先于较大的结构形成，而这似乎就是宇宙中各种东西形成的方式，按这样的方式，恒星组成了星系，星系又组成了星系团。

科学家无法确定有多少奇异暗物质是冷的，又有多少是热的，但是，他们倾向于认为冷物质多于热物质。如果真的是这样，那么中微子对奇异暗物质的贡献，必定不及某些非中微子粒子，而且正如我们所看到的，中微子是标准模型中唯一能构成宇宙中相当大部分奇异暗物质的粒子。如果冷暗物质的理论是正确的，那么就必须有超出标准模型的物理学；就必然存在其他尚未被发现的粒子，而这种粒子与冷暗物质的形成有关。

超对称是最美好的希望，而物理学家正在急切寻找最轻超对称伙伴，因为它有可能掌控着找到宇宙中失踪的奇异物质的钥匙。如果大部分暗物质不是由最轻超对称伙伴构成，那么科学家不得不再次面对骰子的面太少这种窘境。另一方面，如果最轻超对称伙伴构成了冷暗物质，那么，就揭开物质之谜而言，物理学家至少会在粒子物理学层面上，解决宇宙中失踪物质的难题。超对称将会胜券在握，Ω_m 的组成就会一清二楚。然而，宇宙学家还剩下一个难题没有解决，他们还需要发现相当多的暗物质才行，否则，他们绝不会大摆庆功宴。

这个捷报传来的时刻也许指日可待。天文学家正在学习看到不可见的东西。到那时，他们就会揭开物质的最终秘密。

第十一章 看到不可见之物：大质量致密晕族天体，弱相互作用大质量粒子，以及照亮宇宙的最暗天区

让智者把我们的测量检验，

光具有质量，是确定的事一件。

一事既确定，余者可讨论。

光线接近太阳时，不走直线。

——爱丁顿（Arthur Eddington），1919 年[1]

不论物质是由超对称来支配，还是由标准模型的某些其他推广模型来支配，一个描述亚原子世界的完整理论，必须把构成失踪暗物质的粒子识别出来。宇宙学家得出结论说，这种物质有一些是暗的重子物质，有一些则由中微子构成；剩下来的——宇宙中大多数失踪的物

质——两者都不是。也许那是一种奇异超对称粒子，也许是些别的什么东西，但是，当科学家勾画出物质的正确理论时，他们只不过是知道了构成失踪物质的粒子类别。正确的物质理论并不会告诉我们失踪物质的藏匿之处。即将找出它们身在何处的人并不是粒子物理学家，而是天文学家和宇宙学家。

当然，暗物质是暗的——暗得像宇宙本身一样，望远镜看不见——但是它肯定存在。星系团的结构、星系的运动和分布以及宇宙背景辐射的精细情况，都说明宇宙布满暗物质。然而，只要科学家不能直接看到它，他们就不能说自己真正了解它。

这层面纱终于开始被轻轻揭起。在过去几年中，天文学家和物理学家一直在寻找暗物质可能的藏身之处，不管这种暗物质是重子暗物质还是奇异暗物质。他们利用轨道望远镜、地下实验室以及种种其他仪器，最终发现了这种隐形质量的迹象。第一批测量结果已陆续出炉。通过检测空间和时间的微微弯曲，物理学家能够准确找到在我们星系附近的隐形物质晕中四处飘浮的微小暗天体。从更宏观的尺度上说，这种弯曲有助于物理学家检测使星系团联结在一起的大片不可见物质。从星系和星系团发射出的 X 射线，揭示了暗物质粒子的性质。撞击望远镜的光中的大量吸收线告诉我们，在远离星系光照耀的深空中，存在着气云。如果科学家走运，就有可能利用埋在地下且经特别设计的检测器，捕获到一些奇异暗物质。尽管暗物质不可见，但是它很快就要原形毕露。

就在科学家步步逼近暗物质时，他们对宇宙的“黑暗期”也有了了解，这个时期是指复合期（光从物质的牢笼中挣脱出来）到**再电离**时代（最早的恒星开始发光，星系开始燃烧）之间的那段时间。天文学家已经开始识破最遥远的黑暗。很快，物质就找不到藏身之地了。

既然暗物质分为两类，那么寻找暗物质也有两种途径。第一种途径是寻找重子暗物质，即由夸克组成的不发光物质。纵然物理学家知道这种“普通”物质大部分是由什么组成的，但是它仍然未被发现，所以他们必须找到其藏身之处。第二种途径是寻找奇异暗物质，这种物质不是由夸克组成的，其质量约为重子物质的6倍。这两种寻找途径各自使用不同的仪器和技术。

要发现顾名思义是不可见的某种东西并不容易，但是也并非不可能。例如，科学家有一个不断增加的大质量坍缩恒星表，这种坍缩恒星叫做黑洞，黑洞的质量大到连光都无法逃过其引力，它吸收光，而不发射光。[2] 这就意味着黑洞本身是不可见的。任何辐射，如果过于靠近那个有去无回点（事件视界），就会掉进这颗坍缩恒星的口中从而渺无踪影。那么，科学家又如何能够发现吞噬光的某种东西呢？

即使黑洞实际上无法看见，天文学家也能够通过它对时空本身发生的作用来推断它的存在。对黑洞的观测比起单单寻找天上发光的天体，难度要大得多，不过仍然有办法。例如，加利福尼亚大学洛杉矶分校的天文学家盖兹（Andrea Ghez）使用射电望远镜，研究靠近银河系中心的恒星的运动。通过观测那些恒星如何移动，她其实就是在测量银河系中心时空的曲率——引力强度。当盖兹根据那些恒星运动计算时空曲率时，她发现恒星在围绕着一个看不见的超大质量天体运行，这个天体比我们的太阳还要重250万倍。银河系中心的黑洞名字叫人马座A*（银河系的核心就在人马座），无法直接看见。然而，由于它对时空和围绕其运行的恒星所起的作用，使盖兹能够找到它。[3]

当盖兹第一次为暗物质提出充分的理由时，她使用的方法与鲁宾的方法十分相似。鲁宾对恒星如何围绕仙女座星系中心旋转的测量，其实就是对时空曲率的测量——虽然是间接的，但仍然是一种测量。

恒星的运动使她能够对星系进行“称量”，并发现星系的物质存在于什么地方。当计算出的质量与从可见恒星中推断出来的质量不符时，鲁宾意识到，必定有一种看不见的物质晕，它增加了时空面的曲率。甚至在10年前鲁宾使用这种方法时，该方法就已经不稀奇了。早在1933年，天文学家茨威基（Fritz Zwicky）就使用过同样的方法，并注意到一个星系团中星系运动的某些差异。尽管证据并不十分确凿，但兹威基已经找到了暗物质的一丝端倪。所以，通过分析天体运动来测量时空曲率并不是什么新鲜事。

然而，现在已经有了一种测量时空曲率的新方法，现在天文学家几乎已经能够直接看到那种弯曲了。望远镜的灵敏度已经达到可以使用这种方法，即大尺度上的引力透镜法。天文学家现在已经能够测量出引力使遥远天体的光发生怎样的弯曲，从而计算出不可见物质的引力。引力透镜法已经开始揭示围绕我们星系的暗物质。2000年，科学家宣称，他们使用引力透镜法发现了一个遥远星系的第一批暗物质天体。通过这种方法，科学家将会很快找到暗物质存在于银河系周围晕中的什么地方。更可喜的是，他们会更清楚地知道是什么构成了宇宙中物质的重子部分 Ω_b。

虽然科学家只是在最近才能够利用引力透镜法，但是这种方法已经有80年以上的历史。实际上，正是第一台引力透镜使爱因斯坦一举成名。1919年，爱丁顿来到西非海岸的普林西比岛，* 以验证爱因斯坦的预测：大质量天体（如太阳）引起的时空扭曲，也会像透镜那样使光线弯曲。根据广义相对论，恒星的光从太阳附近经过时，会落入太阳在橡胶垫式的时空上所引起的微微凹陷中，于是这些星光就会

* 普林西比是西非岛国圣多美和普林西比的组成部分。——译者

随着时空的弯曲而弯曲。结果，这颗恒星会出现在天空中不应当出现的地方。这就是说，它在天空中的视位置，应该因太阳的引力而略有改变。由于太阳十分明亮，所以，要找到离这个火盘很近的恒星是不可能的——除非是在日食期间。这正是爱丁顿要做的：1919年5月29日中午过后，月亮的影子扫过普林西比岛。在这次日全食中，太阳被遮蔽了好几分钟，这使得爱丁顿的研究团队能够测量靠近太阳的恒星的位置。暴雨过后，天空晴朗，正好给了爱丁顿足够的时间抢拍到一些镜头。

> 将近中午时分，雨停了。大约在1点30分……我们开始见到太阳了。我们必须把照片拍好。我没有关注日食，而是忙着换感光板，只是看上一眼以确定日食是否开始，半途中还看了一下有多少云彩。我们拍了16张照片，都是太阳的不错的照片，日珥极其明显；但是云层影响了恒星的影像。但愿最后几张照片的几个画面，会为我们提供所需要的东西。[4]

如果爱因斯坦的理论是正确的，那么太阳附近恒星出现的地方，就会与它们正常出现的地方略有不同。当然，爱丁顿看到的正是这样的情况。恒星没有在各自正常的位置上。爱丁顿和他的研究团队几乎是直接看到了时空的弯曲。他们看到了光在一个大质量天体附近的弯曲，即引力透镜。

70多年后，一种叫做微引力透镜的引力透镜，开始揭示出我们所在星系暗物质的分布情况。正如由太阳（一种至少在星系尺度上来说较小的、致密的物质团）形成了爱丁顿的引力透镜那样，这种微引力透镜是由很小的致密物质块引起的光线的微弱弯曲。（其他类型的引力透镜，如由整个星系形成的那种引力透镜，相比之下更大、更加弥漫。）这些微引力透镜的效应，就是围绕我们星系的晕中的暗物质的特征。科学家已经发现了这种微微的光线的弯曲，并找到了我们周围的暗物质。

这些物质团叫做大质量致密晕族天体（MACHO）。没有人确切知道这是些什么东西；它们可能是些燃尽的恒星，或者可能是褐矮星（一类因质量太小而不能点燃自身聚变核反应的恒星）。不管是些什么，它们是具有质量的。任何具有质量的东西，都会使时空结构弯曲，都会影响来自背景天体光束的通过。有很多背景天体能用来揭示大质量致密晕族天体的存在，所以找起来很方便。最佳选择就是银河系附近一个小型的名叫大麦哲伦云的星系中的恒星。（银河系有几个小的伴星系，它们受引力影响，就在银河系外沿轨道运动。大麦哲伦云是其中最大的一个。）从南半球可以看到，大麦哲伦云就位于我们所在的星系外，且比与银河系联系在一起的暗物质晕远。它也就成了科学家用来寻找暗物质的一件工具。

当大质量致密晕族天体从大麦哲伦云中的一颗恒星前面经过时，它的引力使光弯曲，这样，会有更多的光会聚在地球上。因为地球从这颗恒星接收到更多的光，这颗恒星就显得越发明亮。几星期之后，随着大质量致密晕族天体的离开，这颗恒星会黯淡下来，再次回复到原来的亮度。因此，一颗背景恒星的明暗度是一种相当好的标志，它告诉我们一个大质量致密晕族天体曾经从这颗背景恒星和我们的太阳系之间经过。

一个由天文学家和天体物理学家组成的国际研究小组，利用在澳大利亚和美国的望远镜，来寻找这些微引力透镜——检测大质量致密晕族天体。这项合作被称为“大质量致密晕族天体计划”，它关注大麦哲伦云中的恒星以及其他背景恒星，反复不断地测量这些恒星的亮度。[其他几个小组也在做同样的工作，例如名字非常贴切的“光学引力透镜实验”(OGLE)等。]“大质量致密晕族天体计划”开始于1993年，此后它发现了成百上千个这样的微引力透镜事件；现在，天文学家几乎每个星期都能发现一个。大量数据使天文学家可以标出暗物质存在于我们星系的什么地方——或许还能使他们研究出暗物质是由什么组成的。与褐矮星相比，黑洞以略微不同的方式使光弯曲，因此，天文学家或许能够说出在银河系的晕中究竟飘荡着何种大质量天体。此外，微引力透镜甚至还可能揭示出遥远星系的结构。

2000年初，两位荷兰天文学家在一个遥远的旋涡星系中，检测到了揭示暗物质存在的微引力透镜的信号。这个星系与我们自己的星系十分相似，天文学家从侧面看到它。在它的后面，一个类星体发出明亮的光。[5] 从这个类星体发出的光因遇到星系中的天体而发生弯曲，这些天体起着引力透镜的作用。不过，旋涡星系并不是均匀地使那些光弯曲，这一点引起了天文学家的注意。从星系可见部分通过的光十分稳定，并无多少闪动。然而，从该星系暗物质晕应存在的区域通过的光则有闪动，而且不稳定。这种闪动，或许就是这个遥远星系暗物质晕中大质量致密晕族天体的信号。即使单个微引力透镜事件过于微弱而无法看见，但它们的共同效应或许能够使遥远类星体发出的光线出现闪动。

对于星系中重子暗物质的性质及其分布情况来说，想要准确地说出微引力透镜和大质量致密晕族天体将会告诉我们些什么，仍然为时过早，但是，看来微引力透镜掌握着了解星系中重子暗物质分布情况的钥匙。

不过，微引力透镜还不是故事的结束。它虽然揭示了呈大团块的重子暗物质的存在，但却不会告诉我们弥漫气体或者奇异暗物质的情况。微引力透镜是由一个坚实致密的天体（如大质量致密晕族天体）所引起的，这个天体形成一个精致、小巧，因此弯曲度很高的透镜，从相对比较近的地方就可以看得到。另一方面，一个像气云或星系那样大而弥漫的天体，形成的是一个宽广且弯曲度较小的透镜，只有从更远处才能看得到。

引力透镜，正如普通透镜那样，可以有不同的强度，形成不同的效果。诸如星系晕中的大质量致密晕族天体所产生的微引力透镜，只能使恒星变亮和变暗。然而，较大透镜就能形成非常引人注目的效果。如果一个质量极大的物体和一个遥远的明亮天体处在恰当的位置上，天文学家就能看到重影。由于透镜中物质的弯曲效应，来自背景天体的光，可能取两条或多条弯曲的路径到达地球。对于那些截然不同的路径中的每一条来说，观测者在天空中都能看到一个像斑——单一天体形成了多个像。天文学家不仅正在利用这些宽大的透镜来为星系称重，而且也用它们来为星系团，即那些宇宙中最大质量的物体称重。

1979 年，天文学家沃尔什（Dennis Walsh）及其同事发现了第一个这样的巨型透镜。借助一个大质量天体的巨大引力，他看到了天空中同一个明亮类星体的两个图像。不过，引力透镜并不总是那么明显。如果弯曲度变化不是特别剧烈，或者背景天体没有处在理想的位置上，该透镜就不会产生背景天体的两个图像。一个“弱”透镜只会使背景天体看上去变形，把它们变成圆弧状，而不会像一个“强”透镜那样形成多个图像。强引力透镜和弱引力透镜都会告诉我们暗物质栖身何处，不管这种暗物质是重子暗物质还是奇异暗物质。

天文学家能够利用引力透镜来称量像星系或星系团一类的大质量

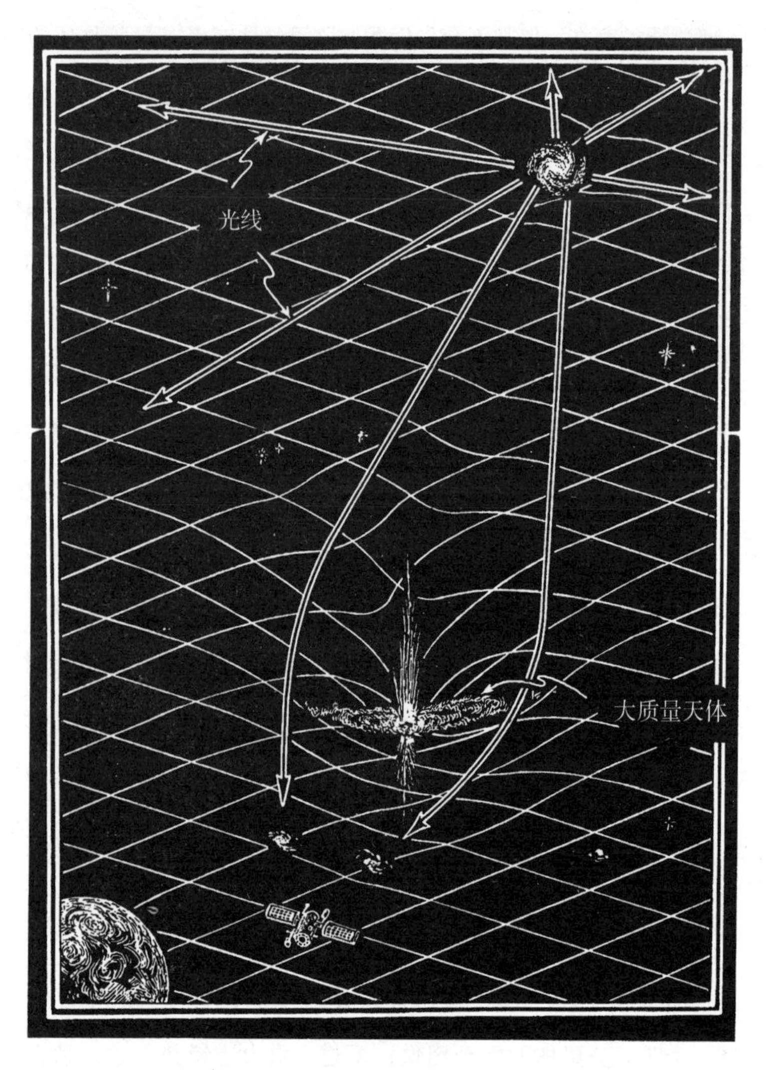

引力透镜法

天体的质量。变形越厉害——透镜越强——存在的物质就越多，它们也越发紧密地挤在一起。如果背景天体能够照亮透镜的结构，那么研究人员就能绘制出一幅十分详细的关于物质存在于星系或星系团什么地方的分布图，其中也包括暗物质。例如，2001 年，贝尔实验室的科学家发现了一个过去不为人所知的星系团，一个望远镜看不到的星系团。虽然不能直接看到它，但是这个暗星系团却在35亿光年之外被发现了，因为它使来自更遥远天体的光弯曲。

时空的曲率，取决于星系团的**全部**质量，因此，这种透镜不仅会告诉我们一个星系团中重子物质的位置，而且也会告诉我们星系团中奇异暗物质的位置。由于这个原因，引力透镜对于那些积极寻找宇宙中暗物质分布的宇宙学家来说，正在逐渐成为一种强有力的工具。可惜，找到引力透镜相对比较困难，这是因为一个背景天体必须处在恰到好处的位置上，这样天文学家才能看得见微微弯曲的光。幸运的是，科学家还有其他方法研究暗物质，而这些方法甚至不需要在背景中有一颗恒星或一个类星体。

测算星系团组成的最有希望的一种方法，就是利用宇宙背景辐射而非背景中的明亮天体来照明。利用宇宙背景辐射测量星系团，比利用分立的光源来测量难度大一些，而且要依赖于不同的科学原理。其中一种方法是利用苏尼亚耶夫—泽利多维奇效应，这种效应是根据俄罗斯物理学家苏尼亚耶夫（Rashid Sunyaev）和泽利多维奇的名字命名的。苏尼亚耶夫和泽利多维奇认识到，如果一个星系团有足够的热物质，那么它就有许多运动非常迅速的电子。当一个光子撞上其中一个电子，这个电子就给了这个光子一点额外的能量。鉴于这一点，宇宙背景辐射谱会发生变形，形成一个一般情况下不会出现在那里的热斑。

很多科学家已经在设法应用苏尼亚耶夫—泽利多维奇效应来测量星系团的尺度和距离，这就提供了另一种估算哈勃宇宙膨胀速率的方法。现在，新一代微波探测装置——“毫米波段气球观天计划”、度角尺度干涉仪以及微波各向异性探测卫星——都已经开始收集足够精确的数据，以达到足以看见苏尼亚耶夫—泽利多维奇效应的程度。这些新型微波探测装置（加上它们那些庞大的射电检测伙伴）为天文学家开辟了一个全新的探索领域，并使苏尼亚耶夫—泽利多维奇效应成为一种确定遥远天体结构的实用工具。[6]

X射线天文学家也使用了一种新型望远镜来确定暗物质的性质。钱德拉X射线天文台是一架最新式的X射线望远镜，它于1999年末由“哥伦比亚号”航天飞机送入太空。目前，这架X射线望远镜——天文学家眼中的又一架哈勃空间望远镜——正以高椭圆轨道，在远离地球X射线吸收层的上空围绕着地球运行。它已经在宇宙学中留下了自己的印记。

麻省理工学院的天文学家阿拉巴吉斯（John Arabadjis）利用钱德拉X射线天文台的数据，研究了星系团中暗物质的性质，包括奇异的非重子暗物质。2001年，他公布了一项关于EMSS 1358+6245星系团的研究结果，这个天体是由茨威基（天文学家，正是他于35年前最早发表了与暗物质存在有关的迹象）于1968年首次发现的。阿拉巴吉斯及其同事想得到更多关于这个星系团内部物质的信息，所以他们花了半天多一点的时间，把钱德拉望远镜对准该星系团。既然某种东西越热，它释放的X射线就越多，能量也就越高，所以，阿拉巴吉斯及其同事就能够通过钱德拉望远镜对来自这个星系团不同区域的X射线的数量和种类的观测，推算出这些区域的温度。反过来，这些温度也会揭示出那些区域的物质的量，这是因为物质的温度、压力以及密度都是相互关联的。

关于这类观测，有一点特别有意思，那就是它既揭示了奇异暗物质的分布，也揭示了其性质。强引力透镜法和弱引力透镜法都提供了关于星系物质分布的一种简要描述，但是，与微引力透镜法不同，除了暗物质在星系中如何分布之外，它们并没有提供多少关于暗物质性质的情况，而微引力透镜法能够让宇宙学家对大质量致密晕族天体的性质略知一二。科学家几乎没有得到关于这种奇异物质构成的信息。但是，这种 X 射线法却能做引力透镜法做不到的事。

根据 EMSS 1358 + 6245 星系团的温度、压力以及密度，阿拉巴吉斯和他的研究组对质量分布作了详细的描述，而从这个质量分布中，他们可以研究出奇异暗物质粒子的某些性质。例如，其中一个关于这些粒子的理论说，零散的暗物质很“大”，所以它们往往相互碰撞，挤来挤去。这反过来又使得奇异暗物质往外扩展。（这种情形很像城区的扩大。如果邻居遇见你总是和你唠叨个不停，你多半会搬到郊区去，躲着他们。相反，如果邻居不给你找麻烦，你就能够忍受城市的拥挤。）这种“暗物质经常自身碰撞”理论，被称为**自身相互作用暗物质理论**。由于种种原因，许多天文学家喜欢这个理论。[7] 然而，阿拉巴吉斯说，至少在 EMSS 1358 + 6245 星系团中，暗物质还没有像自身相互作用暗物质应该显示的那样往外扩展。其实，阿拉巴吉斯能够计算出一个暗物质粒子在何种程度上“骚扰”着自己的邻居，即物理学家称之为暗物质粒子**截面**的那种东西。它有些像是暗物质粒子的有效线度，而且阿拉巴吉斯已经计算出，5 克暗物质粒子所占据的空间不会比一枚一分钱硬币大。用粒子物理学的标准来衡量，这是一个相当粗略的数字，但却足以把自身相互作用暗物质理论一棍子打死。更重要的是，它表明许许多多光年以外的星系团，也能够显示出亚原子粒子的性质。这种种测量在未来会更加完善，物理学家会有更多锦囊妙计，来研究奇异暗物质的性质。他们甚至希望直接俘获它。

或许奇异暗物质追寻者想要把自己同大质量致密晕族天体追寻者加以区别，或许这只是一种巧合。无论如何，那些正在设法捕获一部分奇异暗物质的科学家，给自己的目标起了个名字，叫做弱相互作用大质量粒子（WIMP）。之所以是“弱相互作用”，是因为它被认为受到的是弱力，而不是强力或电磁力的影响；之所以是“大质量”，是因为它影响了宇宙的曲率，组成了 Ω_m 的主要部分。弱相互作用大质量粒子是什么呢？没有人十分清楚。最轻超对称伙伴是主要候选者。有些研究组已经声称俘获了弱相互作用大质量粒子，但是他们所说的靠不住。不管怎样，观测站在世界各地如雨后春笋般不断地建立起来，甚至在南极的冰层下面也有了。科学家希望到这个 10 年结束时，能找到第一批弱相互作用大质量粒子。[8]

寻找弱相互作用大质量粒子，很像寻找中微子，因为两者有很多共同点。弱相互作用大质量粒子和中微子受物质作用的影响都不大，它们对强力和电磁力没什么反应，都能够穿过大片物质而毫发无损。但是极偶然的机会，一个中微子或一个弱相互作用大质量粒子也会通过弱力与检测器相互作用，随后产生一道无法掩饰的闪光。实际上，为检测中微子而建立的观测台，也有可能对弱相互作用大质量粒子有所察觉。问题在于要能够说出检测器上的许多闪光中，哪些是弱相互作用大质量粒子的信号，哪些是中微子的信号，哪些又是其他现象的信号。

有很多东西能够使中微子检测器出现混乱。例如，宇宙线（来自我们星球以外的高能粒子）也可碰撞到中微子检测器并引发一道闪光，而这可能被误认为是一个弱相互作用大质量粒子或一个中微子。正如本书第九章所述，中微子检测器被安置在地下深处，这样，几乎每个入射粒子都会撞击到岩石的原子，或被散射，或被吸收。宇宙线，以及甚至能够穿透几码（1 码≈0.9 米）厚水泥层的高能 γ 射线，都不可能穿过厚厚的岩层。另一方面，中微子和弱相互作用大质量粒子却能轻易穿透任何大块的障碍物，它们几乎根本不与物质相互作用，因此，它们可以很轻松地一下子穿过障碍物。山峰一样厚的保护层几乎能阻挡一切，却阻挡不了中微子和弱相互作用大质量粒子。

不过，这只是问题的一半。科学家还必须说出由中微子产生的闪光和由弱相互作用大质量粒子产生的闪光之间有何差异。这件事情并不是那么简单，但是却有可能办得到。例如，研究人员正在考察检测器上闪光的次数如何随季节而变化——这是一种地球通过弱相互作用大质量粒子“风”的信号。

根据推测，在银河系周围的银晕中，有很多弱相互作用大质量粒子（大质量致密晕族天体看来一般不在意有自己的邻居，即弱相互作用大质量粒子陪伴身旁）。由于太阳系在围绕银河系中心的长轨道上运行时要在银晕中穿行，所以地球经常受到弱相互作用大质量粒子风的持续猛烈撞击。当地球在其每年围绕太阳公转的过程中逆风运行时（6 月份），所受到的弱相互作用大质量粒子的撞击应该比 12 月份它顺风运行时多。因此，如果物理学家在自己的检测器上发现了弱相互作用大质量粒子，他们就应该看到仪器上闪光次数随季节的变化而增减。

这正是罗马大学的物理学家声称在意大利大萨索地下实验室中看到的情况。2001 年，由物理学家贝利（Pierluigi Belli）领导的研究组宣称，在四年时间里，他们看到自己检测器上的闪光次数每年出现增减，而这个检测器的头上是一座高达 1500 米的山峰。其他物理学家对这种说法持高度怀疑态度，因为别的暗物质研究未能再现这一结果。物理学界对此一直争论不休。2002 年 6 月，“雪绒花”(EDELWEISS) 研究组利用一种类似的检测器（被埋在法国阿尔卑斯山下，而不是意大利阿尔卑斯山下），基本上推翻了意大利人的暗物质观测结果。他们的检测器比意大利人的检测器还要灵敏，如果意大利人是正确的，那么他们就应该发现暗物质待选者，然而他们却没有发现，这几乎把意大利人的说法给否定了。

寻找奇异暗物质是一次大考验，第一个检测到奇异暗物质的研究组，将很有可能赢得诺贝尔奖。有几台检测器刚刚投入使用，其中包括一台经过改进的“雪绒花”检测器，它们你追我赶，希望找到转瞬即逝的弱相互作用大质量粒子的信号。“雪绒花”检测器将会面临世界各地检测器的激烈竞争。

其中之一便是设在南极荒原上的阿曼达（AMANDA），在那里，科学家利用南极冰作为庞大的中微子检测器。南极洲是一个令人生畏的禁地。然而，它却给弱相互作用大质量粒子和中微子追寻者提供了一个非常有利的条件：厚达数公里的冰层，就像一座山峰那样，是一个巨大的物质块，所以，一个埋在足够厚的冰层下面的检测器可以免受散射的宇宙线粒子的影响。虽然在南极这个地方，要取得足够的燃料来融冰，仅这一项工作就十分艰难，但是阿曼达研究组成员不必穿透一座石山，只要融冰开路即可。阿曼达研究组成员在冰盖下 1 千米处安置光传感器，使之不受散射粒子的影响。不过，他们利用冰层的目的并不仅限于此，他们的检测器也要用到冰层。

其他中微子检测器需要庞大的注满水的圆柱形容器或球形容器，或者巨大的金属块——这些都是中微子要与之相互作用的物质。由于中微子对物质十分不敏感，检测器必须具备大量这样的物质，才有可能检测到任何中微子。阿曼达计划运气不错，有一样东西很丰富：冰，成吨成吨的南极冰。所有这些冰都起着一个庞大的检测器的作用。当一个弱相互作用粒子深深地渗入冰中时，就有机会与冰相互作用，引发一道闪光，而这种闪光随后又会被埋在冰中的传感器所接收。2000 年，阿曼达研究组升级了仪器。现在，每年夏天，该研究组成员都在那里采集数据。他们希望在搜索深空中的中微子源的同时，也能捕捉到弱相互作用大质量粒子。

美国国家科学基金会还计划了另一项叫做“冰立方”(IceCube)的实验，需要用到的大冰块由1立方千米的南极冰组成。它就像一个重达10亿吨的检测器，差不多有一万艘航空母舰那么重。这是一个让人难以想象的弱相互作用大质量粒子捕捉器。很难相信奇异暗物质还能长期避开它的检测。

地面上的实验越来越接近奇异暗物质，而在深空，甚至在远离任何光源或可能显示暗物质存在的天体的场所，暗物质也无法躲藏。科学家已经看到了坍缩成为星系和星系团的原初的“丝状物”，也看到了把宇宙在它存在的最初上亿年中变成漆黑一团的无处不在的氢“雾”的一些迹象。

弱相互作用大质量粒子只受弱力影响，与此不同，一个氢原子则受到电磁力及携带这种力的粒子（光子）的影响。例如，带有一个电子的氢原子，不能抗拒有一定能量的光子。氢吞食它们，比一个6岁的孩子狼吞虎咽地吃下一份“圣代”冰淇淋还要快。一个6岁的孩子喜欢某种口味的冰淇淋，氢——与其他原子一样——也只吸收彩虹光谱中某些颜色的光。如果你射出一束白光通过氢云，然后进行光谱分析，你就会看到这个彩虹在氢吸收光的那些频率上出现暗线。由于这种吸收，来自遥远天体的光（如来自一个类星体的光），在穿过中性氢云和氦云后，将显现出许多暗线。让情况变得更复杂的是，如果这种云是运动的（几乎可以肯定如此），则那些线条会因多普勒效应而移动。至于线条是向光谱红端移动，还是向蓝端移动，则取决于它是背离地球方向运动，还是朝向地球方向运动。（这叠加在因哈勃膨胀而产生的红移之上。）更不妙的是，任何来自非常遥远光源的光，几乎肯定要通过大量这类气云，而这些云各自都以不同速度向不同方向运动。这就是说，每一团气云都会给来自一个遥远类星体的光留下自己独特的一组暗线印记。天文学家早就知道，来自类星体的光，在其光谱上布满暗线，于是把它们按最著名的吸收线称为莱曼-α 丛。

莱曼-α 丛是在20世纪70年代早期被发现的。自20世纪90年代中期开始，科学家通过分析这些谱线的图样，成功地重建了星系间气阱的形状。所有数据看来都支持宇宙学家对早期宇宙的描述：早期宇宙中的物质团结成丝状物。这些丝状物形成星系和星系团，而余下的那部分宇宙，即丝状物之间的空间，则是广袤而空旷的荒芜之处。由于有莱曼-α 丛以及其他光谱线，天文学家才开始直接发现这些丝状物。正如氢气吸收光一样，在某些条件下，它会放射出同样波长的光。2001年，欧洲南方天文台的天文学家宣称，通过微弱的莱曼-α 发射，他们直接看到了一条这样的丝状物。他们正在探明来自最暗星系际空间纵深处气云的微弱信号。即使是最暗的天体，现在也能够被看到。

不仅如此，科学家正开始第一次目睹宇宙最黑暗的那些时期。在宇宙的复合期（大爆炸后40万年），电子稳定下来，并且与氢和氦的原子核结合。自第一批恒星被点燃，噼里啪啦地诞生之后，它们大量的光被中性氢所吸收。而一旦形成了足够的恒星、星系和类星体，所有这些天体合在一起的光，把电子从原子中夺走，氢雾不再吸收光。这就是宇宙黑暗时期过后宇宙的再电离时期的第一缕曙光。

2001年中，开展“斯隆数字巡天观测计划”的科学家宣称，他们看见了宇宙黑暗时期结束时残留下来的氢雾的第一批痕迹。在大爆炸后只有9亿年的一个类星体留下的光，在它的光谱上显示出一个暗痕迹，表明曾被氢云吸收过。这是宇宙再电离接近尾声时留下来的一件遗物。随着科学家找到越来越远的类星体，他们就能向宇宙黑暗时期的纵深处推进，找到暗宇宙中的暗物质。

利用引力透镜、X射线望远镜、弱相互作用大质量粒子的捕捉、莱曼-α 观测以及宇宙黑暗时期的研究，天文学家正在寻找暗物质所有的藏身之处，不管这种暗物质是重子暗物质还是奇异暗物质。只要其中有几项获得成功（它们正在开始取得进展），那么，天文学家就能确定暗物质的隐身之处，他们就能了解 Ω_m 的秘密，就能征服不可见之物。

然而，质量仅仅是 Ω 神秘性的一半，因为 Ω 有两个组成部分：质量（Ω_m）和能量（Ω_Λ）。宇宙学方面的观测表明，Ω_m 代表宇宙中 35% 的物质，其中 5% 是重子物质，余下的 30% 是奇异物质。一旦科学家了解了 Ω_m，他们就会精确地计算出那 35% 是由何物组成，它栖身于何处，它的行为又是如何。

只剩下 Ω_Λ 还没有算在其中。Λ 是宇宙学常量的缩写，是使宇宙分开的奇特的斥力，而 Ω_Λ 是宇宙中“材料”的组成部分。宇宙学常量的性质，是最新的宇宙学上的困惑。这是自第三次宇宙学革命伊始便提出的一个疑难问题，在这场革命中，超新星数据表明，宇宙膨胀速度不是在减慢，而是在加快。这是一片荒僻的旷野，是科学家迷失最多的地方，但是，就在这里，也有希望的曙光。说来也怪，答案似乎就隐藏在宇宙的真空之中。

第十二章
物理学最深处的秘密：宇宙学常量、真空和暴胀

我认为，真空状态中包含了一切可能的物理现象，虽然以一种虚的方式，但确实存在，它表现出极大的复杂性。

——鲁比亚（Carlo Rubbia）

真空是宇宙中最复杂的物质。里面有全部的粒子和力，甚至还有不为科学所知的东西。物理学家现在想象，真空——深空中的虚无，甚至是真空室内的虚无——掌握着宇宙学中最新问题的奥秘：这个神秘的 Λ，这个把宇宙压平并将星系推开的反引力，究竟是何方神圣？仅仅在10年以前，Λ 还只是一个数学谬论。而如今，它却成为啃咬着宇宙学心脏的一种完全真实的力。

Λ 的荒唐性本身很难理解，在几年时间里，这种暗能量就改写了宇宙学家对宇宙的理解。然而，一旦科学家研究出 Λ 的真正含

义，他们就会揭开当代物理学最深处的谜。他们不仅将了解暗能量，也将了解引起大爆炸本身发生的物理学。他们还将有可能看到夸克—胶子等离子体时代之前那个大爆炸后 1.0×10^{-33} 秒的短暂时刻，那时量子真空掌控着宇宙的命运。

把真空说成是宇宙中最复杂的现象，好像是自相矛盾。真空本来的定义是一切都不存在，是一个完全空无一物的空间。然而，在 20 世纪 30 年代，量子物理学家吃惊地发现，真空从来都不是真正空无一物的，它活动频繁，充盈着粒子和能量。

这个听起来很可笑的说法，来自量子力学中的一个基本思想：海森伯测不准原理。20 世纪 20 年代中期，德国物理学家海森伯发现了支配亚原子世界的数学。那些数学规则，那些新建立起来的量子力学定律，产生了一个连海森伯本人也没有料到的惊人结果：不论科学家如何绞尽脑汁，有些事情是他们永远无法知道的。说得更加确切一些，就是一个粒子的某些特性[例如它在空间中的位置和它的动量（这个粒子有多少“推力”）]之间存在着一种基本关系。对于一个粒子的动量所知越多，那么对于它的位置所知就越少；反之亦然。如果对粒子的其中一种性质的了解增加了，那么，对另一种性质的了解就会减少。

从某种意义上说，这些有联系的特性就像一块玩具橡皮泥。如果你想把橡皮泥向一个方向压扁，有些橡皮泥就会朝其他方向挤出去。当你减少粒子某种特性的不确定性时，另一种相关特性的不确定性必定会增加，以进行补偿。这就是海森伯测不准原理的主要内容。

大多数人把海森伯测不准原理看成是一种测量现象。如果你让一个光子与一个电子碰撞后弹回，记下它的位置，你就是给了它一个未知的动量反冲力，而把已知的粒子目前的动量弄乱了。虽然如此，测不准原理却比这种情况要深刻得多；甚至在无人对任何东西进行测量的时候，这条原理也是成立的。不管是否有人在观测亚原子粒子，这条原理都是宇宙运转方式的一条基本定律。自然界本身也必须服从海森伯测不准原理。

要了解量子真空，有两组与海森伯原理相联系的性质尤为重要。动量和位置已经提到过；如果你对一个粒子所具有的“推力”知道很多，那么你对它在什么地方知道得就很少，反之亦然。能量和时间也是以这样的方式联系的：对一个粒子具有多少能量知道得越多，那么对它何时具有那个能量就知道得越少。这些测不准关系有一个非常奇怪的结果。它们使真空充满无数即生即逝、时隐时现的粒子。

我们来想象一下，有一个小小的真空盒子。盒子里的每一件东西都有一个清楚明了的位置，因为它毕竟是在一个小小的盒子中。然而，这种位置的确定性，意味着盒子里的东西不能够有一个清楚明了的动量。如果那个盒子真的是空的，里面的东西就会具有零动量，毕竟，不存在粒子也就不可能有什么推力。然而，如果盒子里面的东西有零动量，那么你就又**准确地**知道了盒子里面的东西有多少动量——这就违反了海森伯测不准原理，因为你已经有了很多关于它的位置的信息。因此，这个原理说，你不可能知道盒子里面有什么东西！这一点也很自然地由能量—时间的不确定性得到解释；在极其短暂的时间标度上，粒子将不断地时隐时现，因此，在任何特定时刻，你不可能知道盒子里有多少能量。说亚原子世界不停地有来无影去无踪的粒子奔腾不息，这是一个令人惊讶的概念，但却是事实。海森伯测不准原理迫使自然界在空间、甚至在最深度的真空中的所有点上，有粒子的不断创造和毁灭。盒子越小，问题越糟糕：因为你对盒子里面的动量所知就越少，即便盒内是真空的。

量子物理学家不得不作出结论说，真空并非真的是空无一物的地方。真空里翻腾着粒子和能量。随着范围越来越小，那些出现又消失的粒子的动量也越来越大；由于能量—时间关系，它们会有更大能量（以及更大质量），而存在的时间则更短。因此，在一个相对大的范围内，像电子和反电子这样的轻量级粒子，会不断地突然出现又突然消失。然而，随着范围越来越小，较重的粒子，如 μ 子和 τ 子（还有像弱相互作用大质量粒子及超对称粒子这样一些尚未发现的大质量粒子），将变得越来越重要。[1]

这不仅仅是一个物理学家式的冥想。科学家已经看到了这些即生即逝的粒子把金属盘推来推去。1996 年，当时在洛斯阿拉莫斯国家实验室工作的物理学家拉蒙诺（Steven Lamoreaux）测量了那种推动作用——这是一种被称为卡西米尔效应的现象，该效应是以对它进行了预测的荷兰物理学家的名字命名的。拉蒙诺实验中涉及的力非常微小——如果把一只蚂蚁剁成 3 万块，那么这个力大约相当于其中一块的重量——但是这些即生即逝的粒子的力是明显存在的。此后，另外几个物理学研究小组也用不同的仪器测量了那种推力。真空中的确充满了粒子，也充满了能量。

奔腾不息的量子真空的这种**零点能**（zero-point energy），也影响了粒子之间的相互作用。当物理学家计算任何一种相互作用的性质时，他们必须修正自己的估计，以考虑这种真空中无数时隐时现粒子的影响。不过，即使这种可能的相互作用方式的数目从理论上说是无限的，就像真空中的能量一样，但是，除了影响最大的相互作用方式，科学家几乎可以放心地不去管其他所有方式，而不至于把自己的计算搞得一团糟。[2] 然而，如果有任何粒子（如一个尚未发现的超对称粒子）在这种计算中未予考虑，那么，就会出现差异。十分精确的实验结果，可能就会与理论学家的计算结果略有不同。因此，当一个可靠且经过谨慎操作的实验的结果与理论家的预测不符时，科学家会十分激动。例如，欧洲核子研究中心发现的过多的 τ 子，或布鲁克黑文实验室对 μ 子磁矩的测量等，莫不如此。这也许正是没有给予认真对待的粒子或者科学上尚未发现的粒子的痕迹。这种粒子或许正在真空中四处飘荡，因为一切都可能在真空中发生。

真空是一种异常复杂的实体，科学家对其性质才刚刚开始了解。现在这种需求比以往任何时候都迫切，因为他们认为，这种宇宙中无处不在的零点能正在迫使宇宙分崩离析。

这种奇怪的反引力的发现，把宇宙学又带回到 20 世纪 20 年代的混乱状态，当时爱因斯坦正在与宇宙是不稳定的这种思想做斗争。为了应对这种困境，爱因斯坦修改了自己的方程，加入一个虚设的因子 Λ，以抵消引力的作用。正如聚变能的外向压力能抵消太阳的引力坍缩一样，那个 Λ 的外向“压力”也抵消了星系和星系团之间的引力，使得宇宙处在一种稳定的平衡态。没有实验支持 Λ，也没有物理学上的理由使人相信有某种反引力存在，因此，当哈勃发现宇宙膨胀时，爱因斯坦匆匆推翻了这种思想，后来又把这件事称为自己生涯中最大的失误。70 年过去了，Λ 仍然躺在已被遗弃和推翻的思想垃圾堆中，对宇宙学家心目中的宇宙组成来说，它显得格格不入。

1998 年，当超新星搜寻者发现宇宙膨胀是在加速而不是在减速时，情况骤然发生了变化。即使你不相信存在一种反引力，起着抵消星系团引力的作用，但是你也不得不相信有这样的力，当一个棒球不断加速冲向空中时，必然有这种看不见的力在推它，以抗拒引力。测量数据源源不断地涌来——涉及宇宙背景辐射、星系分布、超新星、大爆炸核合成——均证实了这个怪异的结论：有一种神秘的反引力，即暗能量，它必须占宇宙“材料”的65%。Λ 又扬眉吐气地回来了。然而，这个暗能量会是什么东西呢？量子真空或许会给我们一个答案。

物理学家正处在研究暗能量性质的一个非常早的阶段。他们甚至还不知道暗能量的最基本的性质。例如，科学家不知道在宇宙的一生中，暗能量是否一直很稳定——也就是说，宇宙学常量是否真的是恒定的常量——或者，随着时间的推移，它是否会发生改变。[一个颇为流行的模型看来好像就是一个宇宙学常量随时间变化的模型，但是它需要在宇宙中有某种新粒子（或场）的存在，这种粒子（或场）被称为**精质**（quintessence），这个名称原本用于命名继土、气、火、水之后宇宙第五种古老的元素。]现在，科学家根本不知道暗能量随时间变化的模型或者宇宙学常量模型是否正确，而且他们也不知道宇宙学常量或精质的来源是什么。然而，暗能量来源的最主要竞争者，就是潜藏在真空中的能量。[3] 如果时隐时现的粒子能施加一种推动金属盘的压力，那么它们能把星系团推散的想法，也就顺理成章了。物理学家还拿不出一个详细的机制来说明这是如何起作用的；更不妙的是，目前标准模型的计算表明，真空能量太大，以至于星系会以比天文学家观测到的大得多的速度甩开。真空中存在的能量实在**太多**，以至于无法解释 Λ，至少根据标准模型是这样的。[4] 然而，当物理学家进一步完善了标准模型后，就有希望推进对真空领域的研究，并解释这种差异。

多年来，物理学一直试图推广标准模型，想把强力、电弱力和引力统一起来。最有希望的理论就是 M 理论。[5]M 理论是一种超对称理论；也就是说，如果 M 理论是正确的，那么超对称的说法肯定也是正

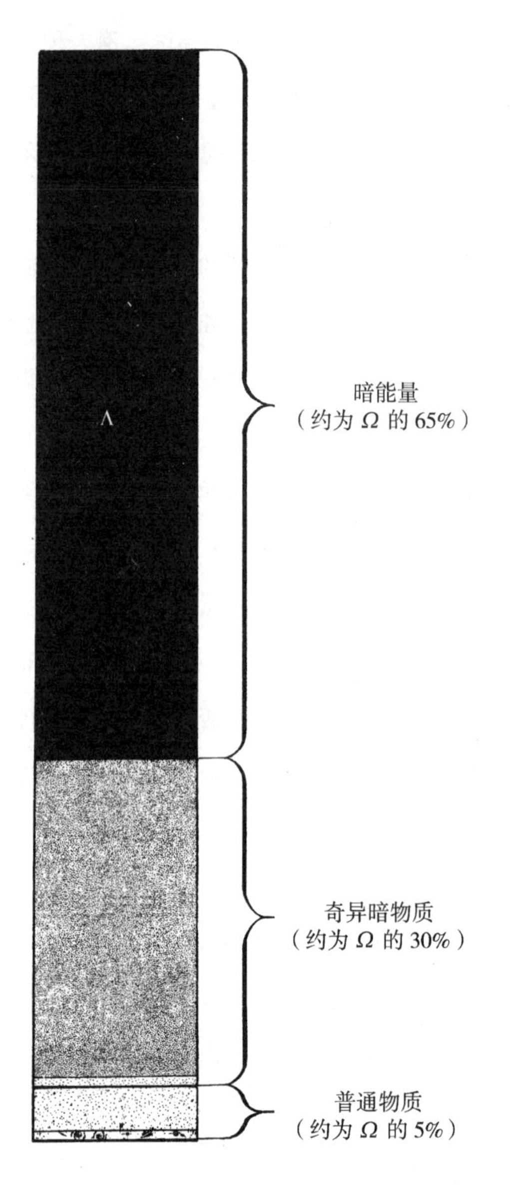

确的。如果正确，M 理论就能够解释在能量极大、空间极小、时间极短的范围内的自然力。换句话说，M 理论或许能解释使真空得到能量的过程。然而，那种过程并非唯一炽热、微小和短暂的东西，大爆炸也是如此。因此，解开真空之谜，就可能使科学家直接看到大爆炸的物理过程，以及那个几乎是紧接着就出现的过程：宇宙暴胀期。

暴胀的概念在现代大爆炸理论中是一个很重要的部分。物理学家认为，在氢和氦形成之前，在质子和中子从夸克—胶子等离子体中浓缩出来之前，宇宙在一瞬间极速膨胀。这个膨胀时期带来很多麻烦——它需要一种新的物理学对此加以解释——但是它解决了物理学家面临的关于宇宙性质的两个令人头痛的问题：视界问题和平直性问题。

我们在第五章说到宇宙背景辐射时，已经提到视界问题的影响。问题出在大爆炸和复合时代之间大约只有40万年。由于信息是以光速传播的，所以，任何特定的氢原子，只能感受到40万光年范围内的其他原子的引力或辐射的影响。也就是说，在复合时代结束时，一个原子不可能与40万光年以外的另一个原子有“因果联系”。在早期宇宙，存在“因果联系”的区域，其最大跨度约为40万光年，所以，这也就是在自身引力下坍缩的最大区域。这种现象导致宇宙背景辐射中的热斑存在一个最大尺度。然而，我们也知道，宇宙背景辐射在全部天区中大约是2.7 K，误差为百万分之几度。如果它们彼此没有因果联系，那么所有天区又怎么会有这样一种惊人的相似性呢？

想象一下，柯克（Kirk）* 船长每次乘“进取号”太空船去巡视尚未发现的外星文明时，看到的每个外星人都穿着绿色高领衫和红色裤子。不管“进取号”太空船飞到宇宙什么地方，外星人总是这样穿戴，即使那些文明一直与外界隔离，与自己的邻居没有交流。那么，这种情况不可能是一种巧合，肯定有某种潜在的原因，有某种东西驱使外星文明最后穿起绿色高领衫。或许在千百万年以前，他们来自同

* 柯克是系列影片《星际迷航》的主要人物。——译者

一个星球家园，但如今不可思议的是，他们各自完全独立地形成了同样的穿戴规则。这种情况与视界问题类似。没有因果关系的天区，怎么会以同样方式发展呢？即使它们本不应该相互影响，它们又怎么会有相同的温度、压力和密度，而且大体上看起来很相像呢？天空的那种惊人的一致性，几乎使人无法相信，而科学家对此并没有一个解释。

关于大爆炸理论，我们还遇到一个问题，即平直性问题，虽然这个问题是间接的。科学家早就怀疑，宇宙是十分接近平直的。他们不知道接近平直的程度如何，但是，由于他们没有看见因曲率造成的任何时空的明显变形，所以他们认为宇宙是适度平直的。然而，宇宙有这样一种近乎平直的几何形状，本应是极不可能的，但实际情况是，现在我们很确定地认为宇宙差不多是完全平直的，所以那种不可能性也就逐渐地被遗忘掉了。如果你打算选择一个“任意的”封闭式宇宙，那么它就会在不到 1.0×10^{-24} 秒内爆炸、坍缩并死亡。一个“任意的”开放式宇宙物质非常少；一切都会快速飞散，宇宙会呈马鞍形，而不是几乎平直。一个接近平直的宇宙看起来似乎是一件不可能的事，就好比有一只猴子坐在打字机前，它第一次练习打字就能噼里啪啦地键入《尤利西斯》(*Ulysses*)，这实在是太匪夷所思了。

平直性和视界问题使宇宙学家深感别扭。纵然大爆炸理论对宇宙的性质给出了很多解释，并预测了宇宙背景辐射的存在，但是这个理论丝毫没有解释宇宙的这些巧合。

1980 年，斯坦福大学的物理学家古思（Alan Guth）提出了一个办法，可以用一个理论来解决这两个问题，这个理论就是暴胀理论。暴胀理论提出，宇宙曾在极短时间内经历过超高速膨胀。宇宙的尺度不断地增加；膨胀的速度太快了，时空结构以超光速飞散。[6] 在极其短暂的时间内，它从不足中子般大小一下子暴胀为可见宇宙的尺度。然而，这种迅速暴胀是不稳定的，而且在10^{-32}秒后停止了。就是这种昙花一现的急剧膨胀，带来两个重要结果。

第一个结果是，它解决了视界问题。就在大爆炸发生后，在超小宇宙中的一切都能影响其他所有东西；宇宙中所有能量都能够十分均匀地散开。宇宙中的一切在最初的瞬间都以因果关系联系在一起。然而，当暴胀一出现，时空便极快地膨胀，各个天区实际上是以超光速被驱散，彼此分离。当暴胀停止时，这些天区彼此相距甚远，就好像它们之间不曾有过任何因果联系。然而，在暴胀之前，它们**的确**是有因果联系的，所以，这些天区看起来相似就不是巧合了。不过，它们也不是特别像。由于海森伯测不准原理，肯定会有一些微小的量子涨落，激荡着每一个天区；当暴胀停止时，每一个被切断了因果联系的天区，因那些涨落而稍微改变了一些，并独自演变着。在暴胀结束后，那些在物质和能量分布中存在的差别，导致宇宙背景辐射中的热斑和冷斑。实际上，暴胀模型预测说，那些涨落有一个特性，叫做尺度不变性，[7] 这正是其他关于宇宙背景辐射的理论所预测到的，也是最近微波背景观测以及星系团分布的观测所证明了的。

第二个结果是，暴胀解决了平直性问题。不管宇宙是以什么形状开始的，暴胀都将把它吹平，就像一只皱巴巴的气球，给它充气，就会使它变得平滑，而且随着它变得越来越大，它的表面看起来越发平坦。这种急剧暴胀，会使宇宙几乎完全平直，曲率差别很小，天文学家几乎觉察不到。古思的暴胀理论，并不是依靠宇宙的某种巧合得到一个平直的宇宙，而是给出了一个理由，说明宇宙为什么是平直的。然而，是什么导致了这种急剧暴胀，为什么这种暴胀又戛然而止了呢？这个答案看来也与真空有关。

由于真空零点能，粒子不断地时隐时现，因此真空会有某种“压力”。如果早期宇宙真空中的零点能比现在真空中的零点能大，那么当时的真空压就会比现在大很多。这种大大增强的真空能，就会设法向四面八方膨胀，时空结构也以惊人的速度和力度膨胀，在这个过程中消除了宇宙的凹凸不平。然而，被科学家称为**伪**真空的早期原初真空，因处在较高能状态而很不稳定。它只能维持很短时间。在不到 1.0×10^{-24} 秒内，伪真空就会坍缩。它就像水蒸汽凝结成水那样回归到具有较少零点能和小得多的压力的“真”的现今的真空。这种超真空将会变成我们现在所见到的真空。

这种从伪真空到真真空的转变，会非常猛烈和突然，并且释放出巨大的能量。一旦这种转变在宇宙空间某一特定的点出现，它就会形成一次巨大的球形冲击波，以光速向四面八方传播；在随着冲击波的膨胀而形成的这个巨形泡泡里，伪真空将凝结成真真空。我们的可观测宇宙，以及它的真真空，大概就出现在其中的一个泡泡里（或者出现在了因膨胀而相互连在一起的若干个泡泡里）。可能还有其他泡泡宇宙存在，而我们的仪器看不见，一道伪真空之墙把我们自己的泡泡宇宙与它们隔开了。[8]

宇宙暴胀的概念令人难以想象，但是它在数学上却可以计算出结果，而且解决了视界问题和平直性问题。不仅如此，驱使暴胀的力，可能与近期发现的遍布宇宙的暗能量相关。或许，那个缓缓地把星系互相推离的力，在过去更强一些。Λ 的离奇性，使暴胀看起来合情合理。宇宙背景辐射亦然。

自 1980 年以来，科学家已经提出了好几种取代暴胀的不同理论。其中最有前途的要算**拓扑缺陷**（topological defects），即由诸如宇宙弦或磁单极等奇异事件引起的时空本身的不规则性。虽然每一种缺陷的详情各自不同，但是这些拓扑缺陷总的作用是相同的，都对早期宇宙如何发展成现在这副模样给出了解释。不过，有一个重要差别。拓扑缺陷产生的宇宙微波背景辐射谱，将不同于由暴胀所产生的宇宙微波背景辐射谱。

根据暴胀理论，一切隐藏物质和能量的地方都迅速膨胀，因此真空的量子涨落——那些能量分布的细微涟漪——便随着时空而膨胀，形成大的涨落。暴胀一经停止，那些涨落就开始全部同时收缩。这就是原初宇宙声振荡的开始。因为所有这些区域都同时开始收缩，1度的热斑全部同时达到自己温度的峰值；即使它们相互之间不能交流，它们的相位也被固定。就是这种情况给了声振荡谱一个高低不平的外表，带有无数细小的峰与谷。另一方面，对于拓扑缺陷来说，所有涨落并非同步，这样，在某些1度特征达到它们的最低温度时，另一些1度特征就会达到它们的最高值。这将使这个谱变成一个大而模糊的峰，而不是许多微小纤细的峰。当“毫米波段气球观天计划”带着它的第一批数据归来时，拓扑模型就此寿终正寝。宾夕法尼亚大学的铁马克说：“用拓扑缺陷，只能预测一个峰，但却是一个十分宽的峰。而这个峰过于细窄。”他还说道：“这实际上意味着标准理论的大多数对手就这样出局了。”

即使宇宙背景辐射只是暴胀结束40万年后的一幅快照，但是它使科学家看到了大爆炸之后最初的瞬间。在拓扑缺陷理论寿终正寝之后，整整一年的时间，暴胀理论似乎成了唯一的宠儿。后来，到了2001年，普林斯顿大学的宇宙学家斯坦哈特（Paul Steinhardt）及其同事提出一个与暴胀理论同样有影响力的新观点，以解释视界问题和平直性问题，不过，两者的基础很不一样。斯坦哈特认为，宇宙并非产生于大爆炸，而是产生于大碰撞。

起初，这个以M理论物理学为基础的新模型看起来稀奇古怪。它发生在十一维中，但其中有六个维度是卷起的，并且可以很有把握地忽略不计。在那个起作用的五维空间中，飘荡着两片再平直不过的四维膜，就像平行的晾衣绳上晾干的薄片。其中的一片是我们的宇宙，另一片是“隐蔽的”平行宇宙。这个理论的最新说法是，我们的这个看不见的伙伴，慢慢地飘向我们的宇宙。尽管量子涨落会使它的表面多少起些褶皱，但是它一边飘动，一边变得平直，并且悄悄地向着我们的膜加速靠近。这个飘浮的宇宙加速前进，闯入我们的宇宙，于是某些碰撞的能量就成了构成我们宇宙的能量和物质。由于这两片膜大致上都是平直的，所以我们这个碰撞后的宇宙也保持着平直。斯坦哈特说：“平直加平直等于平直。”

因为这层膜飘动得十分缓慢，所以它有机会取得平衡，使它的整个表面或多或少具有相同的性质，尽管量子涨落也引起了若干不规则性。这就解释了为什么我们的宇宙看起来大致上（而非准确地）在每个方向上都很像。膜的缓慢运动，解决了视界问题。鉴于暴胀理论是通过一个迅速而激烈的过程解决视界问题和平直性问题的，所以斯坦哈特说：“这个模型在相反的意义上才奏效：很缓慢，要很长时间。”另一个引起注意的特点是，这个模型摆脱了令人琢磨不透的宇宙初期的奇点：宇宙不是形成于点式大爆炸，而是形成于盘式碰撞。对于后来的观测者来说，大爆炸和大碰撞几乎无法加以区分，因为大碰撞的宇宙看起来很像在暴胀停止后出现的大爆炸宇宙；从10^{-32}秒算起，后来的一切——质子和中子的形成、氢和氦的产生，以及释放出宇宙背景辐射的复合期——几乎都一模一样。

虽然这种想法十分新颖，尚未被科学界完全理解，但是科学家却为之振奋，因为它把宇宙起源与M理论背后日益令人信服的思想联系在一起。普林斯顿大学物理学家斯波格尔（David Spergel）说：“这是M理论和宇宙学之间第一次真正有点意思的联系。”“这也算是一次原初大爆炸。”大碰撞理论证明，M理论的基本思想能够得到一幅前后一致的宇宙图景，与暴胀理论对宇宙的解释一样好。然而，如果这个模型是正确的，那么就会出现某些非常糟糕的结果。斯坦哈特解释说，模型的正式名称叫做**火劫学说**（ekpyrotic scenario），源于斯多葛学派术语，用于描述一个周期性地在火中消亡的宇宙。这个词用得很恰当，因为任何时刻，那片看不见的膜都可能飘向我们，引发另一次碰撞。斯坦哈特说，实际上，我们可能已经看见了迫在眉睫的毁灭迹象。“也许宇宙膨胀加速正是这种碰撞的先兆。”他说。“想到这一点，真令人心绪不宁。”

目前，暴胀模型和火劫学说模型是关于宇宙起源的两种模型；无论哪种正确，都会把我们的思想带入大爆炸后最初的极其短暂的瞬间，或许还要早一些。然而，如果要说出哪种模型才是正确的，科学家必须探测宇宙诞生最初的时刻才行；他们必须了解包围着我们的火墙外面的东西，准确地弄明白在大爆炸后最初的瞬间，到底发生了什么。这是一项令人望而生畏的工作，不过，能够胜任这项工作的仪器已经整装待命。就是现在，一些全新的实验室正在收集着宇宙最初时刻的信号。它们正在寻找时间的涟漪。

第十三章
时空涟漪：引力波和早期宇宙

代达罗斯（Daedalus）* 把每一个海浪都看成财富，

这财富，是能工巧匠所能利用的，

这是无与伦比的力量。

——爱默生（Ralph Waldo Emerson），

《海滨》（*Seashore*）

引力波，是眺望火墙（从四面八方包围着我们的宇宙背景辐射）之外的一条途径。我们已经了解到，宇宙背景辐射是怎样在现代宇宙学中起着举足轻重的作用——它证实了大爆炸理论，揭示了宇宙的形状，有助于确定遍布宇宙的暗物质和暗能量的量，证实了暴胀理论

* 古希腊最有名的建筑大师，善于各种工艺技巧。——译者

（以及它的近似替身，即火劫宇宙），它还削弱了像拓扑缺陷这样的别出心裁的替代理论。然而，与此同时，宇宙背景辐射也是一种障碍，它形成了一道屏障，阻碍着天文学家去观测宇宙创始的最初时期。

充满了翻腾不息的等离子体的宇宙火球，当它终于冷却到足够程度时，发出了辐射，从四面八方包围着我们的古老的等离子体火墙，也变得透明了。由于等离子体对光是不透明的，所以，来自暴胀时期或大爆炸的光子，没有任何一个能留存至今。它们全都被等离子体吸收了，它们的信息被散射和耗散到无数方向。天文学家将看不到任何在大爆炸之后最初 40 万年间所产生的光。等离子体墙是他们视野的极限。英国加的夫威尔士大学的天体物理学家毛斯科普夫（Phil Mauskopf）说：“也许这就是能够观测到的最遥远的光。”

为了看到等离子体墙以外的世界，科学家正设法寻找来自早期宇宙的另一种信号，一种不会被不透明等离子体毁坏的信号。他们在寻找引力波，一些以光速匆匆穿过宇宙的时空涟漪。物理学家知道，它们是存在的，也见过它们所产生的效应。他们正在寻找宇宙背景辐射中这种波的信号，而且现在随便哪一天，在这种信号扭曲时空特有的结构而挤压地球时，物理学家就会对其进行测量。引力波的最早信号来自“绿色小矮人”。

1967 年，剑桥大学研究生贝尔（Jocelyn Bell）发现一个天体在空中不停地闪烁，发出异常规律的无线电波脉冲，恰似宇宙中的一座灯塔。起初，有人戏称这个神秘的天体为“绿色小矮人”，这是根据科幻故事中那个似乎正设法给我们发送信息的外星人的名字得来的。然而，当世界各地的其他天文学家把自己的射电望远镜转向空中时，他们发现了几个类似的天体，而且排除了人为因素。贝尔并没有发现什么绿色小矮人，她看到的是第一颗**脉冲星**。[1974 年，她的导师休伊什（Anthony Hewish）因这一发现而获得诺贝尔奖。]

脉冲星是一类中子星，是燃尽了的中等质量恒星的躯壳。随着它的自转，其磁极放射出强大的射线束。射线束呈圆锥形扫过天空，被这一光束扫到过的任何人，都能看见该恒星在不断地闪烁，就像旋转的灯塔光束照射下的任何人，都看得见这个灯塔在闪耀一样。一颗脉冲星，就是深空中的一座星际灯塔。

就在休伊什获诺贝尔奖仅仅一个月之前，位于阿默斯特的马萨诸塞大学的天文学家泰勒（Joseph Taylor）和他的研究生赫尔斯（Russell Hulse），发现了一种新的脉冲星。这种脉冲星的爆发好像不怎么规律，忽快忽慢，而不是像节拍器那样，滴答滴答节奏不变。赫尔斯和泰勒意识到自己发现了一种脉冲双星，一颗围绕着一个看不见的伙伴运行的脉冲星。当这颗脉冲星沿着它在宇宙空间中的轨道运行时，它便向地球扑过来又冲出去，即使脉冲星本身的自转准确无误，也使它看起来忽快忽慢。这颗脉冲星滴答滴答以恒定的节拍围绕自己的伴星运行，使泰勒和赫尔斯首次能够对爱因斯坦的一项预测——引力波——进行检验。

爱因斯坦的时空橡胶垫的设想，把引力源解释成空间和时间结构的一种弯曲、一种凹陷。我们已经知道，这是一个卓有成效的思想。它不仅预测了水星的不规则轨道，对这个 300 年以来牛顿学派科学家一直回避的问题给出了解释，而且也预测了由爱丁顿于 1919 年检测到的引力透镜。然而，即便爱丁顿和爱因斯坦证实了广义相对论的这些效应，仍有几种这个理论所预测的现象在当时未得到检验，引力辐射就是其中之一。[1]

引力波是广义相对论橡胶垫模型的直接结果。正如坐落在时空结构上的一个大质量天体会形成一圈凹陷一样，运动中的天体在某些条件下也会在时空结构里形成涟漪。那些涟漪（即时空中的微小变形），将以光速冲出去。这些波带有能量，而任何释放引力波的星体则会损失一点点速度。

1974 年的脉冲双星第一次给了科学家一种办法，来检验这种预测。根据广义相对论，脉冲星及其看不见的伴星彼此围绕舞动时，必定释放出引力波。那些引力波带走了这两颗恒星的一些能量，使它们的运动速度放慢，并因此相向靠近。当这两颗星离得越来越近时，它们的轨道也越来越短。1978 年，泰勒和他的同事指出，这种情形正是脉冲双星系统的特点。每一年，这一对双星的轨道都会比前一年缩短 75 毫秒。这个量很微小，但由于脉冲星轨道运行的节拍，所以测量起来并不十分困难。这是表明引力波存在的第一个证据。1993 年，泰勒（以及他原来的学生赫尔斯）因这一发现获得了诺贝尔奖。[2]

相对论说，很多天体和事件必定以引力波的形式释放能量。彼此围绕运行的大质量恒星，吞噬恒星般大的物质团块的黑洞——所有这些都会形成引力波纹。暴胀也是如此。当宇宙的结构以一种能量的骤然爆发而膨胀时，其中一些能量使这个结构起了涟漪，产生引力波。与那个时期的光子不同，在暴胀过程中产生的引力波和由此产生的后果，既不会散播开，也不会被无处不在的等离子体吸收。如果科学家有一种仪器，能够测量引力波的通过，那么他们就有可能捕捉到直接来自宇宙诞生时的信号。很遗憾，他们没有任何足够灵敏的仪器来检测引力波导致的这种空间和时间的微小畸变，至少目前还没有。

2000 年 10 月，华盛顿州的一套巨大的 L 形激光设施开始搜寻引力波。过了没多久，路易斯安那州长沼一套几乎一模一样的设施也开始了工作。这两套耗资近4亿美元的巨型仪器共同组成了激光干涉引力波观测台（LIGO），首次要为直接发现引力波而工作。

广义相对论方程描述了时空中的波纹是什么样子的。这种波纹以光速传播，而且形状怪异，当它在一个方向上拉伸时空的时候，在另一个方向上则对其挤压。因此，在引力波缓缓通过时，如果你用两根标尺排成直角，就会看到一根尺收缩而另一根尺膨胀。如果你不断地比较这两根尺的长短，那么当其中一根尺突然变得比另一根尺长的时候，理论上你就能检测到引力波。然而，这种作用异常微小。即使你用长度达1英里（约1.6千米）的标尺，引力波通过时导致的这种长度上的差别，还是会比一个质子的线度小很多。测量如此微小的效应，实在是一件强人所难的技术工作。几十年过去了，科学家仍不知道该如何设计标尺和足够精确的测量器件来检测它。

激光干涉引力波观测台的两套设施，是世界上最精密、最昂贵的标尺。这两套设施以同样的原理工作，都是利用光的波动性建造的超精密测量仪器。每一套设施都是一台庞大的干涉仪。[3]

干涉测量术依靠的是光的波动性。在某些条件下，我们可以把光看成是一连串的波纹，就像海浪。这种波与水波一样，有峰和谷，实际上，当科学家想描述光的颜色时，他们会谈及光的波长——相继的两个波峰之间的距离。（波长越长，光越红，能量越低。）

我们来想象一下光波在太空中荡漾的情形。骤然间，它被分束器一分为二。（一个只允许一半光通过、稍稍镀了些银的镜面，就能办成这件事。）这两束光有一段时间是分开传播的，在经过了一定距离后，在某个目标处重新合在一起。这两束光开始时步伐一致：一个波的峰与另一个波的峰平排。用科学术语说，它们是“同相”的。如果这两束光走过同样长度的距离，那么同时离开分束器的两个波峰，就会同时到达目标。于是波峰与波峰相遇，两者将相互增强。同相的两束光结合时，变为一束超亮的光束。然而，如果所经路径的长度不同，事情就有点复杂了。如果A路径比B路径长出头发丝那么一点点，那么沿着A路径运动的一个波峰到达目标的时间，就会比沿着B路径运动的波峰到达目标的时间多出一点点。当A光束的波峰到达目标时，B光束的波峰已经提前到达。这两束光现在已经不再同相了。在A路径比B路径恰好长出一半波长的特例中，我们能够看到一种奇特现象。就在A光束的波峰到达目标的一刹那，来自B光束的**波谷**将恰好到达。一束光的波谷抵消了另一束光的波峰，反之亦然。两束光相互干涉；它们不再相互加强以形成一束超亮的光束，反而相互抵消，不再留下任何东西。我们在目标上所得到的不是一个明斑，而是一个暗斑。

干涉仪能够成为一个十分灵敏的测距仪。如果我们把A路径拉长，把B路径缩短，我们就会看到，随着两束光在同相和反相之间相继转换，那个斑点将会变暗，再变亮，然后又变暗。这种方法能告诉我们，路径的长度何时变化了光束波长的若干分之几（一般来讲是10亿分之几米）。因为干涉仪如此灵敏，所以它们一直被用来测量距离。例如，测量人员用激光束来判断住宅的规模；就连你的激光唱机也不过是一台新奇的干涉仪。[4] 激光干涉引力波观测台的设备就是显而易见的干涉仪。两个L形建筑物内各有一台强大的激光器作为核心部分。光束分开，然后笔直地沿着L的两臂传播，在末端被镜面反射，回到靠近激光源的一个检测器上。这两条路径的长度经过精心安排，使其中一条比另一条只长一点点，以便使两束光在检测器处抵消，留下一个暗斑。这两束光完全锁定在反相状态。然而，如果其中一条路径相对于另一条路径的长度有了改变，那么这种抵消的情况就弄乱了，这时暗斑就会变成亮斑。暗斑处快速的一闪就是路径相对长度发生变化的信号。

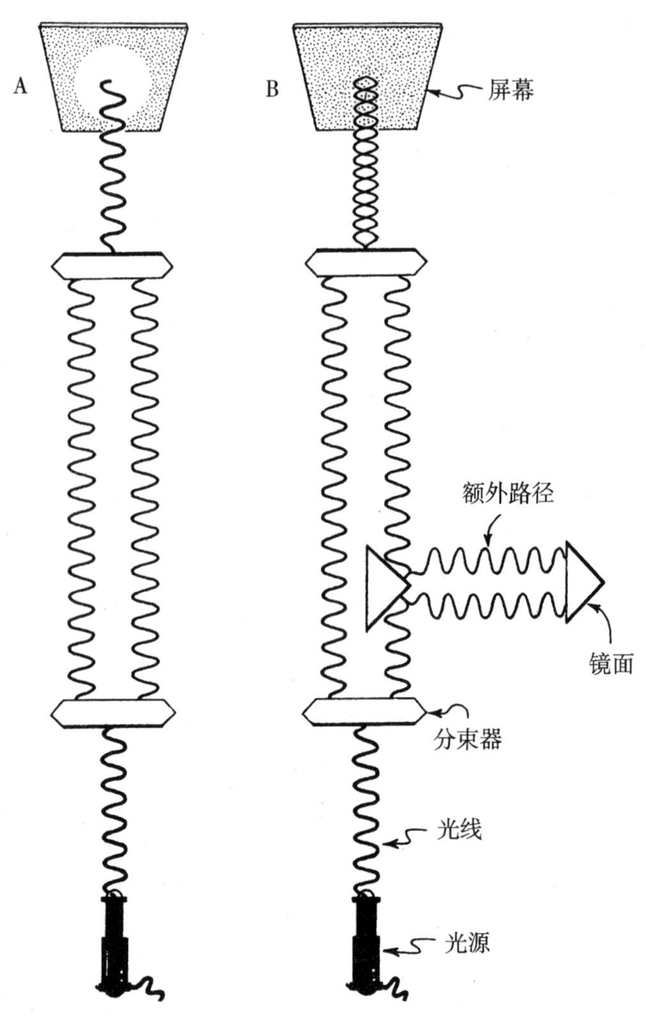

分开走的一束光能够自我加强或抵消

当引力波经过时，它从一个方向挤压L形建筑物，而在另一个方向上拉拽着它。如果这个波从适当的方向入射，它就会使干涉仪的一条臂缩短，而使另一条臂拉长。相对长度的变化引起了无法遮掩的闪烁，并被检测器检测到。不管怎样，理论上就是这样。问题是引力波的这种又压又拉的作用极其微小，大约只有 $1/10^{22}$。以激光干涉仪这样的灵敏度，是没有机会检测到如此微小的变化的，除非科学家把标尺做得极长才行。[5] 激光干涉引力波观测台干涉仪的两臂大约长 4 千米，这就是说，相对尺度的变化将大约是 1.0×10^{-18} 米。这种变化仍然过于微小，所以，不对标准干涉仪进行某些重大改进，仍然是看不到的。于是科学家想出了一些巧妙的改进办法，把仪器变得极其灵敏。例如，光束不止一次在检测臂中传播。在光束最终到达检测器之前，它们来回传播了几十次。其结果是，仪器变得十分灵敏，尽管竭力使它与周围环境隔离，它还是会检测到来自周围的所有振动——大地的微震、潮汐，甚至飞机飞过时的干扰。这就是说，杂音（即来自环境的不需要的信号）成了一个大问题。然而，由于这两套设施彼此之间相距甚远，大部分振动都可以看成是来自附近，而不是来自地球被挤压的引力波。（例如，华盛顿州上空飞机的嗡嗡声，对路易斯安那州的设备不会有影响。）这些设施已基本上完全运转了起来。2002 年，科学家忙着彻底检查这些仪器，设法隔离杂音源。他们随时都可能得到第一批科学数据。不过，没有人能确切知道激光干涉引力波观测台将会看到些什么。

即使激光干涉引力波观测台达到设计目标，而且也能检测约 1.0×10^{-18} 米长度的挤压与拉拽，也没有人能肯定该设施能看到引力波。激光干涉引力波观测台最可能发现的波，是由旋转和碰撞的中子星以及黑洞产生的波。由于科学家并不知道附近存在多少这样的恒星对，因此他们并不能确切地知道有多少来自这类事件的引力辐射回荡在宇宙之中。然而，如果激光干涉引力波观测台最终发现了引力波的信号，那将是立下了大功，科学家将首次直接目睹到爱因斯坦的时空涟漪。

更重要的是，引力辐射将会成为了解宇宙中黑洞和中子星的一种工具。像光波一样，科学家也将能用引力波为天空绘制一幅图。然而，即使激光干涉引力波观测台在2005年前后将自己的仪器设备升级——例如，使用更大、更精确的蓝宝石镜面——恐怕也没有能力让宇宙学家看见期盼的引力波：来自宇宙诞生时的波。因此，激光干涉引力波观测台将是天文学家而非宇宙学家的一件工具。[6]

宇宙学家想知道在复合期之前都发生了些什么。他们认识到，不管是暴胀、大碰撞，还是什么别的机制，导致宇宙结构形成的过程是异常激烈的。因此，这个事件肯定会在时空中留下痕迹——引力波。宇宙应该充满了从它的最初时期留下的引力波，即那些大爆炸后一瞬间的直接遗迹。然而，由于引力波在宇宙的诞生中形成得十分早，所以它们是在时空结构尚非常微小的时候形成的。随着时空结构的扩大，这些波也被拉拽得很庞大。来自暴胀的引力波的波峰与波谷之间，可能至少有百十光年的距离，甚至对激光干涉引力波观测台来说，这个距离也过大而无法探测。但是从理论上说，大碰撞引力波则“较蓝”一点，它们的波长应该较短，或许可以由激光干涉引力波观测台的更灵敏的太空版，即太空激光干涉仪（LISA）检测到。

太空激光干涉仪由三艘航天器构成，它们以一个等边三角形，在相距300多万英里（480多万千米）的空间飞行，这套设备将能对尺度相当于太阳系宽度的引力波进行检测。太空激光干涉仪计划于2008年发射，* 它将很可能发现大碰撞中遗留下来的引力辐射，如果是这样，那么它将看到宇宙诞生时的直接遗迹。[7] 然而，即使对科学

---

* 该计划已推迟到2015年投入运行。——译者

家在不久的将来研制出的最先进的引力波检测器来说，来自早期宇宙的引力波纹也可能过于细微。幸运的是，还有一种办法可以检测引力波。2002 年，那些在南极工作的科学家，朝着发现原初引力波的方向迈出了第一步。他们寻找的是引力波在宇宙微波背景上留下的痕迹。

宇宙微波背景这个词在本书中一再出现，是因为宇宙学家对它十分看重。这种古老的辐射包含着关于早期宇宙的大量信息。在它的热斑和冷斑中，隐藏着我们宇宙形状的秘密，隐藏着组成宇宙的暗物质和暗能量的数量和种类的秘密，甚至隐藏着宇宙最终命运的秘密。不仅如此，2002 年末，科学家开始提取另外一些关于从复合期等离子体中散射出来的光的关键信息，即光的偏振。

偏振，类似于两个小女孩摇动着一根跳绳，从而使波在绳子上从一个人传播到另一个人时所出现的情形。她们可以上下摇动这根绳，那么绳子的波纹就会上下摆动，而不是左右摆动——波全都在垂直面上。或者，如果这两个小女孩愿意，她们还可以左右摇动这根绳，那么相应的波会位于水平面而不是垂直面上。光波的行为大致如此。它们可以是上下方向、左右方向，或者是这两者之间任何角度的方向，就像跳绳上的波一样。[8] 这种方向性特点叫做偏振，而我们在日常生活中每天都会碰到偏振。例如，偏光太阳镜，它们利用光的偏振来遮挡一半入射光线。只有在光子上下方向取向（垂直偏振）时，偏光镜才允许光通过。如果入射光子水平偏振，就会被阻挡并吸收。液晶显示器也利用偏振，在计算器显示屏上显示出明暗不同的区域。[9]

偏光太阳镜很受欢迎，因为它们挡住了路面眩光。路面眩光之所以出现，是因为光在与一个表面碰撞再反射回来时发生了偏振。一般情况下，光束中所有的光子都是随机偏振的，有些是水平偏振，有些是垂直偏振，其余的介于这两者之间。总体来说，光束并没有某个优

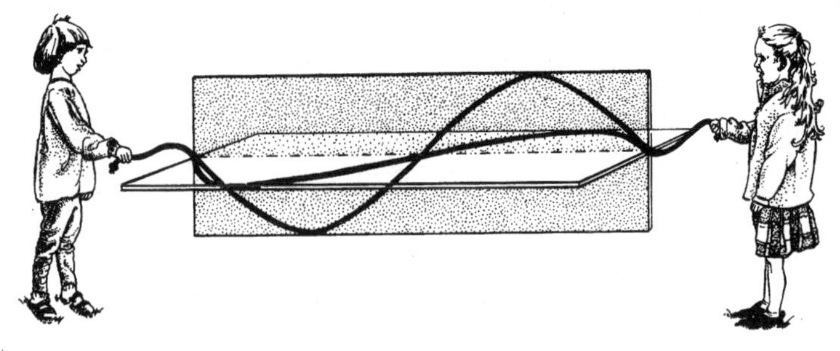

偏振性跳绳

先的偏振方向。然而，当我们顺着一条（水平的）道路开车时，太阳的光线投射到路面上后，将选择出与路面平行的偏振部分从路面反射——光束于是变成了水平偏振。因此，太阳从路面反射回来的全部光，往往都是水平偏振的，偏光镜要遮挡的也正是这种光。当刺眼的眩光遇到偏振滤光片时，没有漏网的可能。

在电子最终与原子核结合的复合期之前的瞬间，光子不断地碰来碰去，在等离子体的粒子中被散射和踢来踢去，无法在一个方向上运动太久。当等离子体冷却而电子复合时，每一个光子将进行它的最后的碰撞。然而，正如任何光子与物体的碰撞一样，当它进行了那种最后的散射后将获得偏振。这些即将成为宇宙背景辐射的光子的偏振平行于**最后散射面**，即平行于形成天上火墙的等离子体云。这种偏振与温度的起伏一样，也记录了复合期宇宙的信息。实际上，对于揭示早期宇宙的状态来说，偏振要比温度的起伏更好些。

科学家所观测的宇宙背景辐射，其行程已有140亿年，它的旅途何其坎坷。随着这个辐射的传播，它伸展着，捏合着。当一个光子接近一个星系团时，它便沉入因星系团的巨大质量而引起的时空凹陷中，它伸展着，并且随着在凹陷中越陷越深，它变得稍蓝一些。当它从凹陷中冒出来时，又变得红些。总之，沉入与挣脱凹陷的影响将相互抵消。然而，随着时间的推移，凹陷也会改变形状和尺度，因此，这些影响并没有完全抵消，而会给光子留下残余的伸展或挤压，使它的温度升高或降低一点点。来自最后散射面的光子，在向地球传播时经历了一次大规模的引力捏合。这种被称为萨克斯—沃尔夫效应的捏合，在宇宙微波背景辐射中会留下自己的印记，会略微改变光子的温度，并对信号有所污染。

尽管这种污染能够提供关于早期宇宙发展的某些十分有用的信息，但是，与没有这种污染相比，它使来自最后散射面的信息降低了纯度，淡化了来自早期宇宙的信息。然而，与光子温度不同，光子的偏振不受时空凹陷的影响。不管光子变得更热还是变得更冷，其偏振始终保持不变。通过对宇宙微波背景偏振角度的研究，科学家能够推测出光是从哪里反射出来的，以获得早期宇宙中物质如何分布的信息——这类信息比受到污染的温度测量准确得多。芝加哥大学的物理学家科瓦奇（John Kovac）说："偏振要干净得多。""它直接探测到了最后散射面。"

不过，科学家在利用偏振之前，首先必须检测它，相比之下，检测百万分之几度的温度的波动要简单多了。尽管如此，2002 年 9 月，科瓦奇和他的同事还是成功了。通过设在南极的度角尺度干涉仪望远镜的仔细测量，他们首次揭示了宇宙背景辐射的偏振。科瓦奇说："这就像从黑白电视图像变为彩色电视图像。"

偏振，为宇宙学家提供了关于宇宙万物（所有的物质和能量）的量、它们的分布和运行方式的另一种测量方法。不仅如此，偏振还为天体物理学家探索早期宇宙的另一个时期，即再电离期提供了一种工具。再电离期发生在大爆炸后几亿年，当时足够量的恒星、星系和类星体开始燃烧，并把导致宇宙黑暗期的氢雾燃烧殆尽。这种影响应该在大角度尺度的宇宙微波背景辐射谱上表现为一个小的峰。宾夕法尼亚大学的铁马克说，引力捏合把来自温度变化数据的峰抹掉了，但是偏振光应该使得它可见。这个信息将显示出再电离是在多久以前发生的。铁马克解释说："这是我们眼下尚无线索但最使人振奋的数据之一，而用目前的测量方法，我们还做不到。"

还有一个更令人振奋的信号隐藏在宇宙微波背景的偏振中。辐射被引力波（即那些可以追溯到宇宙诞生后最初瞬间的时空涟漪）烙上了印记。虽然当光子在这种时空凹陷中沉浮时其偏振没有受到影响，但是，引力波的那种特殊的挤压和拉拽行为，却会影响它的偏振。宇宙微波背景中的那些来自暴胀（或来自大碰撞）的引力波，具有螺旋性特点，数学家称之为旋度。在宇宙背景辐射偏振的一幅假想图中，这种旋度部分看起来有点像小飓风。仅仅是声振荡并不足以产生任何这类旋涡，但是，暴胀理论预测说，早期宇宙的引力波**必定**会在宇宙背景辐射中产生旋度。铁马克说，如果研究来自宇宙微波背景的光的科学家看到了一个清晰的含有旋度的成分，而且这个成分没有受到假信号的污染（如来自星系的偏振光的污染），那么，这将是"引力波存在的确凿证据"。

可惜，天空中的那些旋涡非常暗淡，天文学家在几年内都别想看到它们。然而，欧洲航天局将会于 2007 年将一架"普朗克"微波望远镜送入太空。* 这架望远镜将继续微波各向异性探测卫星的工作（2003 年 2 月，正值本书排印之际，这颗卫星公布了第一幅宇宙微波背景的精确全天图）。普朗克望远镜将携载灵敏的偏振感应器。它应该会发现天空中的那些旋涡——来自宇宙之初的引力波的标记。从事

---

* 实际发射时间为 2009 年 5 月 14 日。——译者

度角尺度干涉仪实验工作的卡尔斯特罗姆（John Carlstrom）说：“我们将会探测 10^{-30} 秒时的宇宙。” 这种观测要么使暴胀理论大获成功，要么使它彻底失败。普林斯顿的皮布尔斯说：“引力波可能会告诉我们，究竟是暴胀理论还是什么别的理论（如大碰撞理论）是正确的。”他说，“我们当然希望如此。”10 年之内，我们可能会看到宇宙创始时的情景。

第十四章 第三次革命以后：时间终点之旅

那边，那边头顶上，那边，那边吊起了

成千上万张惨白的脸，惶惑的眼睛，

在无星光的黑暗中，那姿态，那翱翔，

张开巨大的翅膀飞越消失的天空，

在那突然的黑暗中，空无，空无，

空无——完全空无的黑色墓罩。

——麦克利什（Archibald MacLeish），

《世界末日》（*The End of the World*）

科学家第一次开始回答这些困扰着人类数千年的问题。宇宙是如何起源的？它又会怎样结束？天体物理学家已经开始对宇宙诞生的最初瞬间作出说明，并阻止了火劫学说战胜大爆炸理论，他们知道宇宙将如何死亡。然而，这些成功并不标志着宇宙学的结束，还有需要找寻答案之处。

有些物理学家致力于研究大爆炸本身的机制，设法了解究竟是什么物理学定律使我们的宇宙得以诞生。也有些物理学家展望未来，想了解文明是否能够无限地生存在一个不断衰退并膨胀着的宇宙中，或者想知道生命本身是否注定走向末路。还有些物理学家想探讨我们的宇宙究竟是唯一的宇宙呢，还是有无穷数目且各具特点的其他宇宙存在？更有些人在寻找造物主之手。

这些问题目前都远远超出了实验领域。科学家所能想到的东西，并不能够检验那些为回答这种种问题所提出来的奇奇怪怪理论，尽管具有远见的物理学家目前正在对这些问题进行研究。这些问题就是下一次革命的内容。正是这些问题要把我们带到空间和时间的边缘。

要了解使宇宙诞生的力，物理学家必须修补自己对自然力了解的漏洞。物理学中一个最基本的难题就是量子理论和广义相对论之间的矛盾。量子理论是支配非常微小的东西（如电子和质子）的方程，而广义相对论则是支配巨型大质量天体（如恒星和星系）的理论。这两个理论水火不容。在这两个领域的交叉处，相对论和量子力学发生了冲突，如在黑洞问题上就是如此。黑洞质量极大，最好用相对论方程进行研究，但是，这个质量却被压入一个非常微小的空间，这一下子又把它推进了量子力学领域。结果是，没有人确切知道在黑洞中心到底发生了什么。大爆炸的原初宇宙，就像黑洞一样，是科学家的物理模型无法接近的。在大爆炸期间，整个宇宙以及它的所有物质和能量，都必然由一粒极小的亚原子种子发展起来。科学家根本不知道应该用何种方程来描述这样一个极微小而致密的对象，他们也不知道宇宙诞生期间是什么物理定律在起作用。

量子力学和相对论之间的冲突，部分是由它们本身的性质引起的。相对论是研究如同橡胶垫一样的平滑表面的一种理论。而在量子力学中，一切都不平滑。物体以不连续的跳跃而运动，它们是量化的，而非连续的。当你从一个极小的尺度审视时空薄层时，会发生什么呢？它是如爱因斯坦所说是平滑的，还是如量子理论所说是起伏不平的呢？没有人确切地知道。科学家所知道的是，在非常小的尺度和非常大的能量下，量子理论和相对论不再起作用。物理学定律失效了。

爱因斯坦的后半生致力于调和量子力学和他的相对论。他希望找到一个大一统理论，能够在所有尺度上解释所有现象，而不至于出现目前的理论都存在的矛盾。但是他没有成功。在爱因斯坦离世时，与他开始寻找万物之理的那个时候比，科学并没有朝着量子引力理论前进多少。然而，曙光就在前头。在过去的几十年中，理论物理学家，如普林斯顿大学的威滕（Edward Witten）和哈佛大学的马尔达西那（Juan Maldacena）等人一直都在研究一种所谓的量子引力理论，这种理论看起来能解决相对论与量子力学之间的矛盾。这种新理论就是M理论。M理论不是把粒子（如电子）看作四维时空的点，而是把它们看作十一维空间中的膜。[1] 对于不是搞物理的人来说，这个理论看起来不着边际，但是它却逐渐获得支持，因为它解决了物理学中的一些重大问题。它不但解决了量子理论和相对论之间的矛盾，还把超对称理论结合进去，而且统一了强力、电弱力和引力。在数学上，它是完美的。然而，对宇宙学家来说，更重要的是它为科学家了解黑洞中心本身的物理学，了解大爆炸，提供了工具。如果M理论是正确的，那么科学家就有可能最终解开大爆炸本身之谜。他们能利用他们的方程直接探索某些用现在的物理定律无法做到的事情。然而，即使M 理论是正确的，他们也永远不可能对它进行检验。

问题在于，这些膜和这些多出来的维度非常非常微小。因此，由于海森伯测不准原理，需要用极大的能量，才可以探测如此微小尺度的客体。这样，科学家就需要一台庞大的加速器来直接证实 M 理论。要多大呢？根据目前的磁体技术，这个粒子加速器的规模必须达到 6000 万亿英里（约 9600 万亿千米）。一个粒子即使以光速运动，也需要用 1000 年的时间才能走完这条路线。所以这个办法行不通。证实 M 理论的最佳希望，就得靠宇宙背景辐射来实现。如果科学家十分幸运，那么他们可能会证实大碰撞理论，或证实有关的说法。由于大碰撞以 M 理论的定律为基础，所以，证实大碰撞理论的预测，对于 M 理论的正确性来说，将会是一个有力的证据。然而，要证实它至少得等上 10 年，而且还得运气好，当然，经费也不能少。也有可能又过了很多年，要证实 M 理论仍然遥不可及。科学家可能会得到正确答案，但却永远不知道那个答案是一种虚构还是现实。总之，在宇宙中我们只有有限的时间来检验这些理论。

有限到何种程度呢？在大约 10 亿年中，随着太阳烧掉自身的燃料，它渐渐发热并使地球变暖，以无法控制的温室效应蒸发着海洋。地球就会变成另一个金星，酷热而没有生命。到那时，可能文明已经掌握了远距离太空飞行技术。人类可把自己分散到银河系的一些恒星处。然而，就连那些恒星也会有一个有限的寿命。既然我们认为自己已经知道了宇宙末日——这个宇宙会永远膨胀下去，逐渐冷却和死亡——那么，我们也就不得不面对自己的最终命运。文明能够在一个濒临死亡的宇宙中无限地存在下去吗？ 还是说，生命肯定会在不断冷却下去的毫无生机的粒子稀汤中灭绝呢？对此，物理学家正在设法找出答案。

那遥远的未来宇宙的确会是一个惨淡的地方。随着宇宙膨胀不断加快，遥远的星系就会变红变暗。它们将会从视野中消失，离得最远的最先消失。很快，甚至连附近的星系团也不见了。夜空将会越来越空旷。[2] 随着每一个星系中的恒星燃烧殆尽而后死亡，我们所能看见的星系会变得越来越暗。能量越来越难以找到。

生命以及意识本身都是靠能量来驱动的。物理学定律说，即使是一个能够作运算的非生命有机体，在进行运算时也得消耗能量。[3] 随着能量越来越难以找到，任何希望存活下去的文明，都必须在能量方面进行“节食”。但是那种节食，是要对那个文明中的生物能够进行多少思维加以限制的。看来是没希望了。文明的步伐越来越缓慢，思维越来越少，直至完全停止。[4] 然而，1979 年，物理学家戴森（Freeman Dyson）提出了一个办法，说即使能源燃尽，也可以让文明继续下去：这就是进入休眠状态。一种文明可以让活动期与不断拉长的休眠期相交替。在休眠期中，文明之机器要收集并储存能量。当收集到足够能量时，生命就会苏醒过来，利用那些能量过活。而当他们的能源快用完时，便又回到休眠状态。即使休眠阶段变得越来越长，最终拉长到百十亿年之久，如此遥远未来的文明中的生物也有可能会无限期地生存下去。然而，现在看来，就连戴森的计划也无法将文明从死亡手中解救出来。

俄亥俄州凯斯西储大学的物理学家克劳斯（Lawrence Krauss）最近指出，即使有这样的休眠设计，文明也休想永远继续下去，因为随着休眠期越来越长，相应的活动期肯定越来越短。这些活动期变得如此之短，使文明在功能上仅具有有限的寿命。到了某一天，对于宇宙中留下来的惨淡而无限的生命来说，所具有的全部能量还不足以让这种文明多维持1秒钟。文明所能具有的是有限的思维。随着能量的枯竭，他们必然停止思维并死亡。在我们的宇宙中，生命不可能永恒。

然而，即使这样，也可能还不算是生命的终止。另外一些科学家希望，除了我们自己的宇宙之外，如果还有别的宇宙，生命就可能会继续。这个说法，并不像表面上看起来那样匪夷所思。宇宙暴胀理论说，我们生活在真真空的一个不断膨胀的泡泡里；可能还有其他泡泡，一道伪真空之墙把它们同我们的宇宙隔开，因而无法得见。这些泡泡几乎不能算是完全分离的宇宙，它们同样产生于导致我们自己宇宙诞生的大爆炸。而且，即使目前我们尚无办法与它们交流，但是从理论上说，这些泡泡可能最终会随着它们的扩大而合并过来。

一些科学家想象出一种更加极端的情形，那种情形只不过会使泡泡宇宙看起来更加毫无意义罢了。这些理论家认为，量子力学定律时时刻刻都在产生数不尽的全新宇宙。这种怪异的想法扎根于量子力学最违反直觉的一个方面：叠加原理。在经典物理学的普通世界中，一个物体不能同时拥有两种**状态**，开关不是向上就是向下，陀螺不是顺时针转动就是逆时针转动，猫不是活的就是死的。而在量子世界中，就不是这样了。一个光子能够同时通过屏障上的左侧缝隙**和**右侧缝隙，一个电子既能上旋又能下旋，还有，薛定谔猫如果与它的环境完全隔离，就会既是活的又是死的。[5] 然而，一旦关于这个客体的信息渗透到外部世界（例如，察看这只猫，或者测量该电子），那么这个客体就必须"选择"自己要处在哪一种状态。你永远都不会看见一只既死又活的猫，当你打开盒子，它不是活的就是死的。然而，这样一种奇怪的情形会导致量子客体某些麻烦的性质。

量子客体的这种性质，已经使牛津大学的多伊奇（David

Deutsch）和英国皇家天文学会的马丁·里斯爵士（Sir Martin Rees）开始研究量子力学的某些悖论是否能够用一种独特的设想来解决。如果我们的宇宙是不断增生和萌发新宇宙的庞大的多元宇宙的一部分，那么，量子力学的规则就会更加合理些。有一种**多世界**假设称，每当一个量子客体进行一次"选择"——生或死，上旋或下旋，左边缝隙或右边缝隙——我们的宇宙就一分为二。在一个宇宙中，薛定谔猫活着，而在另一个宇宙中，猫是死的。虽然这种情况看起来有着不必要的复杂性，但是，它是量子力学在数学上的一个合理的解释，而且，它给一个经过仔细琢磨的问题"为什么我们的宇宙如此理想地适合于生命"，提供了某些答案。

宇宙中的若干常量，支配着物质和能量的行为。例如，光速支配着事物在时空面上运动的速度。引力常量支配着引力的强度。有若干这类基本常量存在，如果其中任何一个常量有明显不同，那么生命或许就不能出现。[6] 假如引力太强，各个太阳质量就会极大，如果这样的太阳存在，那么它们就会在极短时间内明亮地燃烧。如果引力太弱，它们就很难自燃，从而形成布满褐矮星的星系。我们生活在两者之间，真的是非常幸运。

宇宙适合于生命，这看起来是极大的巧合。如果你想要随意选择这些常量的值，生命或许就不存在了。宇宙是现在这个样子，这是一种惊人的巧合。科学家对于巧合往往感到不舒服，而多世界的解释是一种摆脱办法。如果多世界理论是正确的，那么可能就会有许许多多有着不同常量的不同宇宙存在。其中有些宇宙在毫秒之间坍缩，有些宇宙几乎没有物质存在。而我们，只不过是碰巧生存在一个适合生命存在的宇宙之中。[7]

有人认为，巧合就是巧合，如此而已。[8] 还有人认为，经过精心调整的宇宙，是造物主存在的标志。约翰·坦普尔顿基金会，一个致力于探索宇宙“精神层面”的组织，捐出100万美元给研究人员，以探索与这种精心调整有关的科学事务。坦普尔顿基金会试图在宇宙学革命中发现上帝——就在此处，科学止步，而哲学起步。

目前，这些问题已经进入哲学和宗教领域，是实验科学力所不及的。然而，正如古老宇宙学的难解之谜（希腊和基督教关于宇宙的思想）从哲学领域转入可检验的科学领域一样，这些问题也有可能从未来的科学家那里得到回答。这些问题，或许就是第四次宇宙学革命的内容。

虽然科学家已经回答了自文明之始以来困扰着人类最大的问题之一，但是，第三次宇宙学革命还远远没有结束。现在，我们大致上知道了宇宙是由什么组成的，也知道了宇宙将如何结束。这个惊人的成就并不是一个结束，而是一个开始。到2010年，就在这个10年之末，在目前的宇宙学革命完成时，我们将会详细地知道宇宙从何而来，又向何处去。物理学家将会看见普通暗物质和奇异暗物质的存在。他们将开始了解真空的神秘性，了解暗能量的物理学以及宇宙早期暴胀的物理学。他们将会把夸克从色禁闭中释放出来，并将了解为什么我们的宇宙是由物质组成的，而不是由反物质组成的。

10年之后回首往事，我们就会明白，当科学家审视宇宙诞生的面孔时，我们自己的宇宙观有了哪些改变。我们将会了解始与终，了解阿尔法与奥米伽。

附录A 疲劳光隐退了

如果你接受星系红化是由多普勒效应引起这一事实，那么你就没有什么余地否定大爆炸理论。星系在加速离去，星系越是离得远，离去的速度就越快，所以说宇宙在膨胀。然而，一小部分持不同意见者认为，这种红化不是由多普勒效应引起的。他们认为星系光的红化，是因为它在通过宇宙的过程中丢失了能量：光“疲劳”了。这种疲劳光的假设，是由瑞士天体物理学家茨威基在哈勃关于宇宙膨胀的论文发表后数月内提出的。茨威基不想求助于永远膨胀的宇宙，来解释遥远星系的红化。根据这种疲劳光的说法，遥远星系之所以呈现红移，不是因为它们在运动，而是因为它们的光传播得更远，而在途中变得筋疲力尽了。

在20世纪60年代，当实验者第一次测量宇宙微波背景时，他们发现这种辐射极其暗淡，用茨威基的假设无法加以解释。这一认识，把疲劳光断然打入了物理学的冷宫，但是，科学家依然需要寻找宇宙膨胀的更多直接证据。2001年发表的两篇论文提供了到目前为止最好的直接证据。

第一项研究是测量超新星的明暗度变化。由于爱因斯坦的相对论，我们知道，如果遥远的超新星以极大速度离去，那么由于时间扩展现象，它们的“时钟”就会比地球上的时钟走得慢。因此，遥远的超新星的爆发和演变似乎比较慢——与附近的超新星相比，它们看上去较缓慢地亮起来，然后较从容地暗下去。在加利福尼亚州伯克利的劳伦斯·伯克利国家实验室，由戈德哈贝尔（Gerson Goldhaber）领导的一组科学家已经证明，从最近分析过的 42 颗超新星的情况来看，确是如此。该实验室的超新星追踪者珀尔马特说：“此事毫不含糊。”

在第二项研究中，帕萨迪纳卡内基天文台的桑德奇和目前在加利福尼亚大学戴维斯分校工作的卢宾（Lori Lubin）分析了星系表面亮度的空基测量结果。他们发现，标准宇宙膨胀理论和疲劳光理论都预测说，红移光应该使遥远星系比实际上看起来更暗；由于较红的光能量较少，所以不管红化是来自疲劳光，还是来自星系运动，星系都会显得更暗。然而，一个星系如果是在运动中，那么这个星系在极远处就会显得暗得多，而这并不适用于固定星系，其中有两个原因。

第一个原因，正如在超新星论文中所说的，是因为相对论性时间扩展。设想一下，有一个星系每秒钟向地球释放一个光子。由于遥远的运动中的星系时钟比地球时钟走得慢，所以，从地球上看，这些光子之间的间隔就会多于 1 秒钟；在任何特定的一段时间内到达地球的光子的数目就会少一些，所以，这个星系就会显得较暗。第二个原因是一种被称为相对论性光行差的现象。这种现象使星系的表观形状失真，这使它看上去要比如果它不动时暗得多。这两种作用，也就是时间扩展和光行差，只适用于运动中的多普勒频移星系，而不适用于固定不动的疲劳光星系。

果然不错，当桑德奇和卢宾测量了若干星系的表面亮度时，发现这些星系比疲劳光理论所提出的要暗得多，再考虑遥远星系事实上应比近邻星系还略微明亮一些（因为古老星系分布着明亮而年轻的恒星），这一观测结果就与关于运动星系亮度的预测十分吻合。

桑德奇说："膨胀的确是存在的。这并不是因为未知的物理过程，这是结论。" 疲劳光理论彻底隐退了。哈勃是对的：宇宙正在膨胀。

附录 B　物质来自何处？

对称性和不对称性，是粒子物理学家手中的有力工具。实际上，亚原子世界的整个结构，似乎都建立在对称性的基础之上，或许，甚至是建立在超对称的基础之上。第十章已经对此进行过讨论。发现宇宙中的一种新的对称性，或者发现一种似乎已经建立起来的对称性的破缺，往往是一个关于宇宙运行方式的新的基本事实的预示。粒子物理学的三种主要对称性，以它们的首字母为名：C、P 和 T。这三种对称性似乎掌握着物质和反物质之间差别的秘密。

在艾丽斯（Alice）* 穿过镜子旅行时，她进入了一个一切都反了过来的世界，就与镜子中反射像一个样。当她看见《无聊话》（*Jabberwocky*）那首诗的文字时，字母和词汇是从右到左，而不是从左到右。她经历了一次镜面反射。P 对称（P 是英文单词 parity 的第一个字母，代表“宇称”）的实质就是，艾丽斯不会注意到自己家乡

---

* 英国作家卡罗尔（Lewis Carrol）于 1865 年出版的儿童文学作品《艾丽斯漫游奇境记》（*Alice's Adventures in Wonderland*）中的主角。——译者

在P对称破缺时，物理学定律在镜面世界中略显不同。

世界里的物理学定律与镜子里的物理学定律的差别；在镜面反射后的宇宙里，物理学定律保持不变。[1] 直到20世纪50年代中期，科学家还是认为P对称是支配宇宙的一条基本规则；如果你以某种方式奇迹般地在一个超级镜面中反映出宇宙，那么这两个宇宙总是无法区别的。然而，在亚原子尺度上，镜面反射物质与普通物质有着微妙的差别。在新泽西州普林斯顿高等研究院工作的杨振宁和李政道，提出了一种办法来测试 P 对称在某些核衰变中是否受到破坏。他们的实验（由哥伦比亚大学的吴健雄进行）设计了一种环境，在这种环境下，衰变中的钴原子核释放出电子，既向上又向下。结果是：向下运动的电子多于向上运动的电子。他们还证明，如果在镜像世界里进行实验，则向上运动的电子会多于向下运动的电子。因此，他们的实验揭示了我们的宇宙与镜像宇宙之间的差异性；在一个宇宙中，较多的电子向上运动，而在另一个宇宙中，较多的电子则向下运动。P 对称受到破坏，因为镜像宇宙与我们的宇宙并非一模一样。为此，杨振宁与李政道获得了 1957 年诺贝尔物理学奖。

有一段时间，物理学家认为通过加进一个称为 C 对称的条件，就可以使 P 对称复原。正如 P 对称关系到用镜像物质代替物质一样，C 对称（C 代表 charge，即电荷）关系到以反物质代替物质。这两种对称的结合，即 CP 对称，说明如果我们用反物质代替物质，并且从镜面反映宇宙，那么物理学定律保持不变。（第三种对称是 T 对称，T 代表 time，即时间，这种对称是假设做一次逆向实验。）

在杨振宁与李政道的实验中，CP 对称仍然是正确的。如果我们用反物质代替物质，而且镜面反射一切实验装置，其结果则保持不变。杨振宁与李政道的实验显示出 P 对称的破坏，但是 CP 对称在随后几年仍旧没有变。然而，1964 年，菲奇（Val Fitch）和克罗宁（James Cronin）在《物理评论快报》（*Physical Review Letters*）上发表的一篇论文表明，K^0 介子（由一个下夸克和一个奇异反夸克组成）以一种只有在 CP 对称受到破坏时才能够发生的方式衰变。CP 对称的破缺，则掌握着了解物质起源的秘密。[2]

CP对称受到破坏能够以许多不同方式显示出来。最近，在伊利诺伊州巴达维亚的费米实验室进行的实验，研究了K介子的衰变，研究人员尤其密切关注衰变产物飞离的角度。CP对称的破坏以角度的倾向性表现出来，正如P对称的破坏表现为电子首选向下飞而不是向上飞一样。然而，在欧洲核子研究中心测量的另外一种表现形式更加引人注目。经过10年努力，2001年5月，欧洲核子研究中心的一个合作项目给出了对2000万个K^0介子和反K^0介子衰变的测量结果。反K^0介子的衰变比K^0介子只快一点点。这就是说，如果你能够创造出一批K介子和反K介子，你就能看到反物质形式在物质形式消失之前突然消失。1967年，苏联物理学家萨哈罗夫（Andrei Sakharov）提出，这一微小的不对称性，给物质提供了胜过反物质的一个微不足道但有决定性作用的优势。

当宇宙诞生时，大爆炸的能量很可能以大致相等的比例创造了物质和反物质。如果物质的量与反物质的量的确相等，那么宇宙中的物质和反物质应该互相湮灭，除了一锅能量浓汤之外，未剩下任何东西。然而，由于物质似乎具有一种小小的优势——物质比反物质存在的时间稍微长一些，因此自然界"更喜欢"物质——于是就有比反物质略微多一丁点儿的物质留了下来，也许有10亿分之一吧。那额外多出来的一丁点儿就是留给我们的遗产。随着反物质和物质的相互湮灭，那额外的一点点物质留了下来，并成为构成宇宙的物质。

科学家尚未完全掌握CP破坏的过程。有很长一段时间，K介子是唯一显示CP破坏倾向的粒子，而要得到CP破坏过程的全面数学描述，还必须在另一种粒子中观测到才行，这种粒子含有一个像底夸克一样的更加奇异的夸克。[3] 由于底夸克是重夸克，所以它们很罕见，而且像B介子一样含有底夸克（和底反夸克）的粒子很难制成。

然而，这并非不可能。在过去几年中，加利福尼亚州斯坦福直线加速器中心产生了一大批B介子，而且目睹了这些介子衰变。另一家在日本的B介子工厂一直在做同一件事情。2001年，第一批结果开始涌现出来。果不其然，这两个地方的研究组都看见了B介子的CP破坏线索，费米实验室的万亿电子伏加速器很快也将会产生许多B介子。确切地加以说明为时尚早，但是科学家几乎就要做好准备宣布说，他们终于发现了CP破坏谜板上的最后一块板。通过对B介子的CP破坏的观测，科学家将能做出对夸克CP破坏过程的全部数学描述，并说出宇宙是如何逐渐布满物质，而不是反物质。

附录 C
诺贝尔物理学奖——过去与未来

本书涉及的诺贝尔奖如下：

1933 年：狄拉克，因预测了反电子而获奖。（同年，薛定谔也因量子力学而获奖。）

1936 年：安德森，因发现反电子而获奖。［同年，赫斯（Victor Hess）也因发现宇宙线而获奖。］

1957 年：杨振宁和李政道，因发现钴衰变中的 P 破坏而获奖。

1965 年：朝永振一郎、施温格及费恩曼，因量子电动力学中的重正化而获奖。

1969 年：盖尔曼，因量子色动力学而获奖。

1974 年：休伊什，因发现第一颗脉冲星而获奖。［同年，赖尔（Martin Ryle）也因发明综合孔径（一种与干涉测量术有关的技术）而获奖。］

1976 年：里克特（Burton Richter）和丁肇中，因发现 J/ψ 介子而获奖。

1978 年：彭齐亚斯和威尔逊，因发现宇宙背景辐射而获奖。［同年，卡皮查（Pyotr Kapitza）也因低温实验而获奖。］

1979 年：格拉肖（Sheldon Glashow）、萨拉姆（Abdus Salam）及温伯格（Steven Weinberg），因建立电弱统一理论而获奖。

1980 年：克罗宁和菲奇，因发现 K 介子中的 CP 破坏而获奖。

1984 年：鲁比亚和范德梅尔，因发现 W 玻色子及 Z 玻色子而获奖。

1988 年：莱德曼、施瓦茨（Melvin Schwartz）及施泰因贝格尔（Jack Steinberger），因发现 μ 子型中微子而获奖。

1993 年：泰勒和赫尔斯，因发现脉冲双星，从而证实了爱因斯坦相对论预测的引力波的存在而获奖。

1999 年：特霍夫特（Gerardus't Hooft）和韦尔特曼（Martinus Veltman），因提出电弱理论的重正化而获奖。

2002 年：戴维斯（Raymond Davis）和小柴昌俊（Masatoshi Koshiba），因检测到太阳和宇宙中微子而获奖。［同年，贾科尼（Ricardo Giacconi）也因 X 射线天文学的开创性工作而获奖。］

诺贝尔委员会的想法总是难以揣摩，想弄清楚在一个庞大的领域内谁会因某项具体的发现而获奖，那就更难了。该委员会往往被政治或哲学偏见左右，而未能把奖项颁发给理应获奖的人选。哈勃从来没有获得过诺贝尔奖，爱因斯坦则因解释光电效应，而不是因相对论获奖。只有两点是肯定的：最多只有 3 人可以分享一个奖项；没有人可以在死后获奖。

然而，过去几年又涌现了许多足以赢得诺贝尔奖且与宇宙学有关的成就。这里我预言的是可能获得诺贝尔奖的已经完成的工作，以及我猜想最可能把奖金带回家的人选：

暗物质的发现（鲁宾等人）

暴胀理论（古思）

宇宙背景辐射各向异性的发现（“宇宙背景探测器”实验组，可能还有其他人）

宇宙背景辐射功率谱的准确预测（哈里森、皮布尔斯、尤或其他人，泽利多维奇已于 1987 年逝世）

宇宙背景辐射功率谱的精密测量（“毫米波段气球观天计划”和度角尺度干涉仪的研究人员）

中微子质量的发现（超级神冈实验组的成员）

对来自太阳的中微子谱的预测[巴考尔（John Bahcall）等人]

太阳中微子悖论的破解（萨德伯里中微子天文台和超级神冈实验组的研究人员）

暗能量的发现（大 Z 超新星搜寻组和“超新星宇宙学计划”的研究人员）

对宇宙曲率的测量（大 Z 超新星搜寻组、“超新星宇宙学计划”和“毫米波段气球观天计划”的研究人员）

虽然第三次宇宙学革命存在种种可能性，但更难的是对将有哪些尚未完成的工作会获得诺贝尔奖进行预测，包括以下各项：

超对称粒子的预测和发现

夸克—胶子等离子体的形成和分析

宇宙背景辐射中旋涡式偏振的预测和发现

银河系银晕中的暗物质天体的辨认

作为暗物质主要成分的新的弱相互作用大质量粒子的发现

希格斯玻色子的发现*

B介子弱衰变的分析以及卡毕博—小林—增田矩阵的完善

双 β 衰变的发现以及证明中微子的马约拉纳图景是正确的（不太可能，但是如果发现，必获诺贝尔奖）

引力波的直接检测

* 2012年7月4日，欧洲核子研究中心宣布探测到了酷似希格斯玻色子的粒子；2013年3月又对希格斯玻色子的发现加以确认。2013年10月8日，比利时理论物理学家恩格勒（Francois Englert）和英国理论物理学家希格斯（Peter W. Higgs）因对希格斯玻色子的理论预言获得了诺贝尔物理学奖。发现希格斯玻色子的故事可详见《希格斯——“上帝粒子”的发明与发现》，上海科技教育出版社，2013年8月。——译者

附录 D
几项值得关注的实验

有几项令人振奋的实验于 2002 年正在以下五个领域展开。这只是经过选择的几项实验，我们不妨领略一下。

宇宙微波背景（宇宙背景辐射）

毫米波段气球观天计划（Boomerang）：这个设在气球上的南极天文观测台，已经使宇宙微波背景天文学领域发生了变革。这项计划于 1999 年初首次展开，它提供了第一批对背景辐射极为详尽的测量结果。经过改进，它对偏振更加灵敏，可能很快就能带回新的结果。

度角尺度干涉仪（DASI）：与“毫米波段气球观天计划”一样，度角尺度干涉仪也是一个设在南极的灵敏的天文观测台，但它建在地面上，使用干涉测量术而非测辐射热计进行测量。度角尺度干涉仪的科学家在 2001 年 4 月第一次公布了高质量数据，2002 年 9 月，度角尺度干涉仪成为最早探测到宇宙微波背景偏振的仪器。

宇宙背景成像仪（CBI）：与度角尺度干涉仪类似，不过它设在智利。同度角尺度干涉仪与“毫米波段气球观天计划”相比，它对更小角度的尺度敏感。虽然宇宙背景成像仪不像度角尺度干涉仪和“毫米波段气球观天计划”那样引人注目，但是它已经为暴胀理论提供了重要的证据，而且可能在今后几年中，作出度角尺度干涉仪和“毫米波段气球观天计划”无能为力的重要观测。

微波各向异性探测器（MAP）：2001 年 6 月搭载在“德尔塔”2 型运载火箭上升空，已经开始拍摄全天空宇宙背景辐射的高分辨率图像，而“毫米波段气球观天计划”、度角尺度干涉仪和其他任何地面望远镜只能拍摄部分天区。这种详尽而广泛的全天空图，会以从未有过的精确度，确切地检测到宇宙微波背景辐射谱。2003 年 2 月，就在本书即将付印时，得到了第一批结果。

角分宇宙学测辐射热计阵列接收仪（ACBAR）：于 2001 年 11 月首先部署在南极，目的是利用苏尼亚耶夫—泽利多维奇效应来绘制星系团中物质的分布图。2006 年，设在南极的一架尚未命名的望远镜将进行更为广泛的苏尼亚耶夫—泽利多维奇巡天观测。

普朗克卫星：定于 2007 年发射的欧洲卫星。和微波各向异性探测器一样，它将在整个天空范围内对宇宙背景辐射进行观测。它不仅比微波各向异性探测器更精确，而且还能探测偏振，这是无论分辨率多高的微波各向异性探测器都做不到的。

天文观测

二度视场计划（2dF）：这项计划是利用一架澳大利亚望远镜绘制天空中的星系以及其他天体图。负责这项计划的天文学家预期绘制

25 万个星系图，而且这个目标差不多已经达到。二度视场的数据已经揭示出星系团中物质的分布，而且这些数据有望变得更加完善。

斯隆数字巡天观测计划（SDSS）：在目的与方法上，很像二度视场计划；但是，搜索的范围更加广泛。斯隆数字巡天观测计划的研究人员已经公布了某些珍贵的数据，并且预期会在今后几年中获得更多数据。

超新星加速度探测器（SNAP）：是一颗计划中的卫星，能够利用高技术照相机为天空拍摄照片，以期发现超新星，尤其是 Ia 型超新星。该卫星如果被送上天，就会立即发现很多标准烛光，以此来回报超新星追寻者，而且还能使宇宙学家算出宇宙在极大时间范围内的膨胀速率。

高能物理学/粒子物理学

相对论性重离子对撞机（RHIC）：设在布鲁克黑文国家实验室的这台对撞机，让重核（如金原子核）以极大速度对撞。自 2000 年 6 月这台机器开始运转以来，尽管数据还不足以使科学家下定论，但是有迹象表明，它已经产生了夸克—胶子等离子体，有望在 2004 年公布夸克—胶子等离子体的发现。

巴巴尔粒子探测器（Babar）：设在加利福尼亚州的斯坦福直线加速器中心，是分析 B 介子的一种仪器。1999 年得到第一批数据，此后结果源源不断。这些测量结果将帮助科学家对弱相互作用和 CP 破坏的细节加以补充，并有助于解释为什么我们的宇宙是由物质组成，而不是由反物质组成。

万亿电子伏加速器（Tevatron）：在耗资 2.6 亿美元进行改装后，设在费米实验室的这台加速器遇到了某些暂时性的困难。从

2001年3月启动以来，这台质子—反质子对撞机一直运转不顺。然而，一旦这个问题得到解决，该加速器就很有可能确定W玻色子的某些细节，并产生大量B介子，对巴巴尔粒子探测器提供的资料进行补充。不仅如此，万亿电子伏加速器极有可能找到最轻的超对称粒子，并有看到希格斯玻色子的一线希望。

大型强子对撞机（LHC）：设在瑞士日内瓦欧洲核子研究中心，性能将会超过万亿电子伏加速器和相对论性重离子对撞机。如果万亿电子伏加速器没有发现最轻超对称伙伴，那么就可能会由这台大型强子对撞机来发现，如果还没发现，超对称就会被排除。该对撞机也可能发现希格斯玻色子。这台大型强子对撞机计划于2007年启动，但也可能推迟。*

下一代直线对撞机（NLC）：计划投资额达60亿美元的设施，目的是与大型强子对撞机互补。如果得到批准，可能建在美国西海岸或者德国。下一代直线对撞机与这里介绍过的其他加速器不同，它让正电子与电子对撞，而不是让像质子或者原子核一类的复合粒子对撞。因此，如果把大型强子对撞机比作锯子，那么下一代直线对撞机就是手术刀。一旦大型强子对撞机发现一个有影响的粒子，下一代直线对撞机就能够详细研究其性质。这样一个昂贵的计划很可能面临坎坷的前景，但是如果一切就绪，它将会大显身手。

引力波

激光干涉引力波观测台（LIGO）：由两套设施组成，用于对通

---

* 大型强子对撞机在2009年11月开始运行近三年后，终于发现了希格斯玻色子。关于大型强子对撞机，可详见《目睹创世——欧洲核子研究中心及大型强子对撞机史话》，上海科技教育出版社，2014年12月。——译者

过的引力波特有的伸展与挤压特点进行检测。该观测台于 2002 年初开始收集科学数据，有望于 2003 年公布其第一批科学结果。

TAMA 和 VIRGO：分别是激光干涉引力波观测台的日本版本和欧洲版本。由于设计上的缺陷，它们不可能像激光干涉引力波观测台那样灵敏。

ALLEGRO 和 AURIGA：不同于利用干涉法探测引力波的激光干涉引力波观测台，ALLEGRO、AURIGA 和其他几项实验均基于调谐叉式检测器，当某种频率的引力波正巧出现时，这种检测器就发生振动。这些检测器比起 TAMA 和 VIRGO，在灵敏度上又逊色一些。

太空激光干涉仪（LISA）：是美国航空航天局的终极引力波检测器远景，它将由三颗卫星组成，这些卫星将起到巨型干涉仪的作用。不幸的是，存在难以克服的技术障碍。然而，一旦太空激光干涉仪成为现实，对致力于研究来自早期宇宙的引力波的宇宙学家会大有裨益。

中微子和弱相互作用大质量粒子

超级神冈（Super-K）：虽然日本的超级神冈检测器在 2001 年末受到严重损坏，但是它率先找到令人信服的证据，证明中微子具有质量。于 1998 年公布的这一结果，在中微子物理学方面是一个转折点。超级神冈基本上是由一个装有光电检测器的巨大水容器组成，它检测中微子与水相互作用时所显露出来的闪亮。虽然超级神冈还会继续收集数据，但在几年内都不可能完全修复。

K2K：日本筑波的 KEK 实验室距离超级神冈 250 千米，这个实验室产生射向超级神冈检测器的中微子束。自 1999 年起，该检测器记录了它检测到的中微子数量，并与预期数量进行对比；这个差别正在揭示中微子质量的上限。虽然实验工作曾因超级神冈的损坏而受到影响，但是，一旦超级神冈能够胜任工作，它将会继续实验。

萨德伯里中微子观测台（SNO）：于 2001 年 7 月公布了它的第一批结果，并引起了轰动，因为它的研究人员提供了有力的证据，证明来自太阳的电子型中微子在向地球流动时，会逐渐变为 μ 子型中微子和 τ 子型中微子，这样就解决了太阳中微子悖论问题。不同于超级神冈的是，萨德伯里中微子观测台注满重水，使它对某些类型的弱相互反应更加敏感。来自萨德伯里中微子观测台的结果，可能会十分准确地确立中微子的许多性质。

KamLAND：利用超级神冈所在地的日本神冈矿中的一台老式中微子检测器，检测来自核反应堆裂变的反中微子，这些核反应堆分布在日本和韩国乡间各处。2002 年 12 月，KamLAND 公布了第一批结果，表明反中微子也像中微子那样振荡。随着实验数据不断积累，物理学家希望该项研究能够大大推进对中微子和反中微子性质的认识。

南极 μ 子和中微子检测器阵列（AMANDA）与冰立方（IceCube）：利用南极冰层建造起来的巨型中微子检测器，过去几年中，这个检测器阵列一直在测量中微子，并关注着弱相互作用大质量粒子。1999 年和 2000 年，这台设备进行了升级，而且仍然在收集和计算数据。这个检测器阵列计划中的接替者为冰立方实验，这个实验已经开始收到美国国家科学基金会的拨款。

词 汇 表

γ： 光子

Λ： 宇宙学常量

μ： μ 子

ν： 中微子

ν_e： 电子型中微子

ν_μ： μ 子型中微子

ν_τ： τ 子型中微子

π： π 介子

τ： τ 子

Ω： 早期宇宙中“材料”的密度，即物质和能量的密度。说得更专业一点，Ω 是用一个适当的因子定标的宇宙的能量密度，用以解释宇宙膨胀的原因。（本书中，为了清楚起见，在讨论 Ω 时，没有考虑这个标度因子。）Ω 与宇宙的形状和命运相关，目前认为它大约等于 1。

Ω_b：重子物质对宇宙能量密度的贡献。科学家估计它约为0.05，或者说约为5%。其中1/10是发光物质，其余都是重子暗物质。

Ω_m：物质对宇宙能量密度的贡献。科学家估计它约为0.35，或者说约为35%。大部分是奇异暗物质。

Ω_Λ：宇宙学常量（或者更通俗地说，暗能量）对宇宙能量密度的贡献。科学家估计它约为0.65，或者说约为65%。

Ω^-：带一个负电荷的奥米伽粒子。

声振荡：游荡在早期宇宙中的压力波，物质团在引力的吸引以及辐射压的排斥作用下，交替地收缩与扩大。这种收缩与扩大就是宇宙微波背景中的热斑与冷斑的来源。

各向异性：在不同方向上有差异的特性。反义词是各向同性。发现宇宙微波背景具有各向异性，是“宇宙背景探测器”的主要功绩。

反电子：电子的孪生反物质，也叫做正电子。

反物质：与物质质量相同而其他性质相反的实体；当物质与反物质相遇（如反电子与电子相遇）时，两者湮灭，释放出能量。

重子：与较轻的介子和轻子相比，是“较重的”粒子，由3种夸克组成。

重子物质：由重子（如质子和中子）构成的物质。日常生活中遇到的所有物质，元素周期表上描述的任何元素，都属于重子物质。

β 衰变：中子通过释放一个电子和一个反中微子而变成质子的核过程。（这是负 β 衰变。还有正 β 衰变，就是质子通过释放一个反电子和一个中微子而变为中子的过程。）

大爆炸：现代宇宙学所描述的宇宙的开始。大爆炸理论有许多实验的支持，包括对宇宙微波背景的观测以及对轻元素核合成的了解等。

大挤压：宇宙的死亡。在此过程中，宇宙自行坍缩、温度升高，并以逆向大爆炸的形式消失。

大碰撞：火劫学说所描述的宇宙的形成。参考火劫宇宙。

黑体光谱：无反射物体在某个温度下发射的光谱。如理论学家预测的那样，宇宙微波背景具有黑体光谱。

黑矮星：冷却后的白矮星。

黑洞：死亡的大质量恒星，坍缩成难以想象的密度。黑洞极为致密，甚至连附近的光都无法逃脱它的吞噬。

蓝移：与红移相反。

B介子：由底夸克与上反夸克或下反夸克，或者由底反夸克与上夸克或下夸克所构成的介子。

玻色子：具有整数自旋（0，±1，±2，等等）的粒子。标准模型中携带力的粒子——光子、胶子、W玻色子和Z玻色子——都是玻色子。玻色子不同于费米子，它们可以同时占有同一个量子态。

褐矮星：失败的恒星，其质量不足以引燃聚变反应，是大质量致密晕族天体的可能待选者。

卡西米尔效应：零点能的作用，即因粒子不断地时生时灭所产生的作用。这种效应由荷兰物理学家卡西米尔预言，并已经被测量到。

因果联系：两个对象之间有信息交换的情况，也就是说，光曾有机会在两者之间传播。如果两个对象没有因果联系，它们就不能以任何方式互相影响。

造父变星：亮度有规律地变化的一类恒星。造父变星用处很大，因为其亮度与变化快慢有关，因此，通过测量一颗造父变星需要多长时间发生亮度变化，天文学家能够确定它的明亮程度，于是它就成为标准烛光。哈勃利用造父变星测算出到达仙女座星系和其他星系的距离。

CERN：欧洲核子研究中心的法语首字母缩写。该研究中心设在日内瓦，是世界上主要的粒子物理研究所之一，也是正负电子对撞机和大型强子对撞机的所在地。

钱德拉塞卡极限：我们太阳质量的1.44倍。一颗恒星的核心质量超过钱德拉塞卡极限就不能通过电子压力保持其稳定性，它就会演变成超新星，并坍缩成一颗中子星或夸克星，或一个黑洞。

宇宙背景探测器：美国航空航天局发射的一颗卫星，它跨越全天空测量宇宙微波背景。其主要成就是证明了这种辐射是黑体辐射，并且是各向异性的。

冷暗物质：指运动不特别快的暗物质。目前最好的宇宙结构模型，要求绝大部分的暗物质是冷的。

色：夸克的一种难以理解的性质，有助于理解强相互作用力。

宇宙背景辐射：见宇宙微波背景。

宇宙微波背景：也叫宇宙背景辐射。这是在大爆炸40万年后释放出来的一种光，在140亿年过程中扩展并减弱。这种辐射现在呈现为一种来自天空所有部分的几乎均匀的微波嘶嘶声。宇宙微波背景带有大量关于早期宇宙的信息，成为宇宙学的一件重要工具。

宇宙弦：不要与超弦混淆。宇宙弦是极其致密的天体，是拓扑缺陷的一种可能来源。目前尚未发现任何与宇宙弦有关的证据。

宇宙学常量：最初它是爱因斯坦在他的广义相对论方程中放进去的一个项，用来确保一个不变的宇宙。现在它是暗能量来源的可能待选者，而暗能量则可能由零点能引起。

宇宙学：对整体宇宙的研究，特别是对宇宙的结构、诞生和终结的研究。

旋度：数学名词，用来对一个场中的“旋涡”作定量描述，例如宇宙微波背景的偏振等。声振荡不能在宇宙微波背景的偏振中形成旋度，但是引力波却一定可以。因此，科学家希望从宇宙微波背景中发现旋度，从而发现早期宇宙引力波的信号。

暗能量：与引力抗衡并以越来越大的速度在宇宙中膨胀的神秘物质。暗能量来源的主要待选者是精质和宇宙学常量。

暗物质：不明亮、也不能被光照亮的物质。宇宙中几乎所有的物质都是暗物质。

狄拉克中微子：通常概念里的中微子，与马约拉纳中微子不同，每个狄拉克中微子都有一个孪生的反中微子。

多普勒效应：由于发送者和接收者的相对运动而引起的频率的变化。对于光波来说，这种效应造成红移和蓝移。

火劫宇宙：以M理论为基础的宇宙学，由斯坦哈特及其同事提出，与暴胀的结果极为类似，只有微小差别。最值得注意的是，这个理论中的宇宙是开始于大碰撞而非大爆炸。

电子：最轻、最常见的轻子。

电子型中微子：中微子的一种，常出现在与电子有关的反应中。

本轮：地心说宇宙学中，在较大的圆轨道上的行星循着一些小圆运动。要解释行星如何在天空中运行，必须用到本轮。

奇异暗物质：非重子暗物质。中微子不是重子，它是奇异暗物质组成中的一小部分，奇异暗物质的主要部分肯定是由尚未发现的物质（如弱相互作用大质量粒子）组成的。

伪真空：是零点能比现在高的一种状态。伪真空的这种状态，往往会使宇宙十分迅速地膨胀，而且会迅速衰变成为“真”的现代真空。

费米子：有半整数自旋（± 1/2， ± 3/2，等等）的粒子。标准模型中物质的基本组成——夸克与轻子——都是费米子。与玻色子不同，费米子不能同时处在同一个量子态。

裂变：原子核的分裂。如果原子核重于铁，那么这个过程往往释放能量。用铀 235 或钚原子核进行分裂制造原子弹，就是利用这种过程。

味：粒子的一种特性。例如，夸克有 6 种味：上，下，奇异，粲，底，顶。

频率：在波动现象中对接踵而来的波峰相继出现的时间长短的量度。频率越高，每秒钟出现的波峰就越多。对于光来说，光子频率越高，所携带的能量就越多。

聚变：即两个原子核的结合。如果形成的原子核轻于铁，那么此过程往往释放能量。恒星就是由氢的核聚变而获得能量。

星系：像银河系一样的恒星集团。

地心说宇宙学：把地球作为太阳系（和宇宙）中心的思想。这是古时候西方宇宙学的主导思想，一直延续到文艺复兴后期。见托勒玫宇宙学。

测地线：光滑平面上两点之间最短的连线。在平面上测地线是直线，在球面上则是大圆。在时空中，光总是沿着测地线传播的。

胶子：携带强力的基本粒子。

引力透镜：由于本身质量而使光线弯曲的天体。**强**引力透镜会产生一个背景天体的多个影像。**弱**引力透镜使背景影像失真，但不产生多个影像。

引力波：时空中以光速传播的“涟漪”。引力波具有在一个方向上挤压，而在另一个方向上拉拽的独特的效应，激光干涉引力波观测台以及其他引力波实验室期待发现这种现象。

H_0：哈勃常量的现今值。美国航空航天局把这个值定为 72 上下，但是许多天文学家（以及宇宙学家）往往愿意选择一个小一点的数，在 65 上下。宇宙微波背景的准确测量将会在今后 10 年内解决此事。

海森伯测不准原理：该定律说，一个对象某些有联系的性质（如位置和动量），不能同时绝对准确地得知。这个原理是量子理论数学的一个不可避免的结果。

日心说宇宙学：以太阳是太阳系中心的思想为基础的宇宙学。哥白尼开始把地心说转变为日心说。

希格斯玻色子：使物体获得质量的一种粒子。大型强子对撞机应该可以发现这种粒子。

热暗物质：能量主要束缚在运动中而非束缚在质量中的暗物质。中微子就是一种热暗物质。

哈勃常量：描述哈勃膨胀率的一个数字，单位是 km/sec/Mpc。

哈勃膨胀：时空像气球一样膨胀。哈勃膨胀的效果显示星系正从地球退离，星系离得越远，退离的速度越快。超新星追寻者发现哈勃膨胀加速而非减速之时，也就是第三次宇宙学革命开始之日。

暴胀：由古思提出的理论，用以解决宇宙的视界问题和平直性问题。这是大爆炸宇宙学的关键部分。暴胀理论说，大约在大爆炸后 10^{-35} 秒到 10^{-32} 秒之间，宇宙膨胀速度极快。

干涉仪：一种仪器，它发出的光沿两条（或两条以上的）路径传播，然后再检测这些光束是彼此相消，还是彼此相长。干涉测量术是测量距离变化的一种非常灵敏的工具，对制造精密的天线和望远镜也十分有用。

同位素：如果两个原子的原子核其质子数相同，而中子数不同，则这两个原子就叫做同位素。例如，氘（一个质子，一个中子）和氚（一个质子，两个中子），都是氢（一个质子，没有中子）的同位素。

各向同性：在每一个方向上有相同的特性。各向同性的东西在天空中所有方向看起来都是一样的，而各向异性的东西则是不对称的。

J/ψ 粒子：由粲夸克和反粲夸克组成的一类介子，如此命名是因为它被两组人员在差不多相同时间发现（并给出了名字）。科学家生成的夸克—胶子等离子体的信号之一，就是J/ψ 粒子的抑制。

喷注淬灭：由于粒子必须通过夸克—胶子等离子体而产生的粒子喷注减少的现象。因此，在高能碰撞中喷注的淬灭是科学家已经重建了大爆炸后不久的条件的一个信号。

K介子：由一个奇异夸克和一个反上夸克或反下夸克，或者由一个反奇异夸克和一个上夸克或下夸克组成的介子。

最后散射面：复合过程中凝结的等离子体云的表面。之所以这样称呼，是因为变成宇宙微波背景的光子对复合期的等离子体做了最后一次散射。当天文学家研究宇宙微波背景时，他们实际上是在组成一个最后散射面的影像。

大型正负电子对撞机：欧洲核子研究中心目前已拆除的一台粒子加速器，已经被移走，以便为大型强子对撞机让路。

轻子：与重子和介子不同，轻子是基本的、单个的粒子。已知轻子有6种，即电子、μ子、τ子及相关的3种中微子。

大型强子对撞机：欧洲核子研究中心的一台昂贵的粒子加速器，将于这个10年末开始运转。它应该能发现希格斯玻色子。

光年：距离的一种测量单位；一束光在一年中传播的距离，或者说5.88×10^{12}英里（约9.46×10^{12}千米）。距离地球最近的恒星在4光年之外，最近的星系则在大约100万光年之外。

激光干涉引力波观测台：设在美国华盛顿州和路易斯安那州的引力波检测器。

最轻超对称伙伴：如果最轻超对称伙伴存在，那么它就是一种稳定的粒子，而且暗物质的大部分可能是由这种粒子组成。

大质量致密晕族天体：围绕星系的暗物质晕中的一种大的暗物质团（可能是重子组成的）。大质量致密晕族天体的最佳待选者是已死亡的或失败的恒星。

磁矩：粒子在磁场中所受扭矩的量度。

磁单极：只有一个磁极的假想粒子。一个磁体的正（北）极不能与其负（南）极分开，一个一分为二的条形磁体只能变为两个更小的双极条形磁体。然而，有些理论认为，孤立的北极或南极——磁单极——应在早期宇宙中就已形成。

马约拉纳中微子：本身也就是孪生反粒子的中微子；换句话说，在中微子的马约拉纳形式中，中微子与反中微子之间没有差别。中微子的马约拉纳图景具有一些优越性，科学家正在设法研究中微子究竟是马约拉纳中微子还是狄拉克中微子。如果马约拉纳图景果真正确，那么就应该存在一种尚未观测到的罕见的衰变，叫做双β衰变，见狄拉克中微子。

多世界假说：这种假说认为我们的宇宙是许许多多个类似宇宙

中的一个，是多元宇宙的一部分。

微波各向异性探测器：于 2001 年发射的一颗微波背景传感卫星。它接替“宇宙背景探测器”的工作，而其工作又将由普朗克探测器接替。

介子：中间重量的粒子，由一个夸克和一个反夸克组成。

微透镜：由小型天体形成的一种引力透镜，使背景天体变亮，然后变暗。

动量：一个物体的“推力”，通常是粒子的质量和速度的函数。(光虽然没有质量，但也有动量。)

修正牛顿力学：一种与牛顿万有引力稍有不同的理论，以尝试不求助于暗物质来解释星系中恒星的运动。

M 理论：一种十一维的统一的超弦理论，这种理论把粒子作为“膜”，而非点。M 理论是为所有粒子和力提供的一个统一理论的最有希望的待选者。

多元宇宙：多世界假说的一种包罗万象的结构。它既包括我们所在的宇宙，也包括无数其他宇宙。

μ 子：一种质量在电子和 τ 子之间的轻子。

μ 子型中微子：一类中微子，常出现在与 μ 子有关的反应中。

星云：原意指天空中的“模糊物”，曾被用于称呼星系。现在对该词的用法更加具体：星云往往指气云，而非星系。

中微子：一种通过弱力相互作用的轻子。

中子：一种比质子稍重一些的中性重子。中子本身不稳定，它与质子一起组成原子核。

中子星：死亡的中等大小的恒星，其质量大于钱德拉塞卡极限，而小于形成夸克星或黑洞所需要的质量。

核合成：由质子和中子形成重核的过程。形成宇宙中大部分氦的核合成时代始于大爆炸后几秒钟，并持续了几分钟。

Ω，Ω_b，Ω_m，Ω_Λ：见前。

Ω^-：勿与其他 Ω 混淆。Ω^- 是一种“奇异”的亚原子粒子，由物理学家盖尔曼预测，并于此后不久被发现，有力地支持了盖尔曼建立的亚原子粒子的数学描述。

“普通”物质：亦称重子物质，是人类日常生活中遇到的物质，由原子组成。

视差：从两个不同角度进行观测而确定距离的一种方法。

宇称：数学名词，与镜中的反射有关——更确切地说，在三面镜中，右调换为左，下调换为上，后调换为前。

秒差距：距离的一种量度，大约为 3.26 光年。这个名词来自英文 parallax second，一个天体的距离为一个秒差距，就意味着该天体一年内在天空中因地球绕太阳转动而造成的视差来回移动了 1 秒（1/3600 度）角度。

相位：一个波的相位，是对一个特定的点是否正处在波峰或波谷，或者其间某处的描述。两个波同时在同一地方形成波峰，称为“同相”。

光子：光的粒子，也是携带电磁力的粒子。

π 介子：这类介子有三种，由上夸克、下夸克及其反夸克的不同配对组成。

等离子体：电子不受原子核束缚的一种物质状态。

偏振：粒子的方向性；例如，光可以是垂直偏振、水平偏振或者其他方向偏振。这种方向性可以用不同方法检测到，光的偏振能够借助偏光镜看到。

正电子：见反电子。

质子：带一个正电荷的重子。质子是稳定的。它与中子结合组成原子核。单个质子也就是氢原子的核。

托勒玫宇宙学说：日心说宇宙学出现之前最为复杂晦涩的地心说宇宙学，它曾经对西方思想起着支配作用。

夸克：组成重子和介子的一种基本粒子。夸克有6种已知的味：上、下、粲、奇异、底和顶。

夸克—胶子等离子体：指夸克与胶子自由运动，而没有被限制在重子和介子中的一种物质状态。据认为，大约在大爆炸后百万分之一秒内，夸克—胶子等离子体凝结成重子。

夸克星：一种假想的死亡恒星，又称为奇异星。夸克星与中子星几乎难以区别。然而，在夸克星中，夸克和胶子没有像在中子星里那样被限制在重子中。

类星体：一种类似恒星的天体，像恒星那样的明亮光源，看上去十分小，但能量过强，因而不会是普通的恒星。现代理论家认为，类星体是星系中心发射出辐射的大质量黑洞。

精质：(1) 一种假想的弥漫于宇宙的神秘反引力的来源。精质或许起因于一种没有被发现的粒子，像随时间变化的宇宙学常量一类的东西。(2) 古希腊宇宙学中的第五种元素，是对另外四种元素土、水、气、火的补充。

复合期：大爆炸40万年后发生的一个过程，当时的宇宙已冷却到使电子能够与原子核结合的温度。复合期把光从等离子体的牢笼中释放出来，这种光就是我们现在所知道的宇宙微波背景。

红移：当一个天体离开观测者时，它的光会向光谱的红色部分，即能量较小的部分移动。这种现象是由多普勒效应引起的。最初红移和蓝移只用来描述光，现在也应用于其他种类的波，例如引力波。

再电离：大爆炸数亿年后发生的过程，此时形成了足够量的恒星、星系以及类星体，使氢“雾”离子化，从而结束了宇宙黑暗期。

相对论：20 世纪头 20 年爱因斯坦提出的对时空的一种描述。**狭义**相对论研究做匀速运动的物体，而**广义**相对论则研究做加速运动的物体和引力。

相对论性重离子对撞机：设在纽约布鲁克黑文国家实验室的一台粒子加速器，可能已经获得了夸克—胶子等离子体。

萨克斯—沃尔夫效应：光子出入正经历大小变化的引力“凹陷”时，所引起的光子的引力性捏合。

时空：相对论性空间和时间的组合。爱因斯坦相对论表明，空间和时间不能够看作是独立的，在功能上它们是一个单一对象。这个对象可以弯曲和变形，而引力则可以看作是时空“橡胶垫”结构中的一个凹陷。

超粒子：超对称粒子，例如中性微子或超夸克。见超对称。

谱：(1) 当光束通过棱镜时所产生的光的色彩；光谱。(2) 数学家和科学家用来描述把一个数学对象分解成其组成部分的用词。宇宙微波背景特征角度大小的高低起伏的图就属于这类图谱，称为功率谱。

自旋：一种量子力学的性质，往往用自转的陀螺作比拟。一个粒子具有整数自旋（0，±1，±2，等等）还是半整数自旋（±1/2，±3/2，等等），将决定它是玻色子还是费米子。

标准烛光：一个已知亮度的天体。像造父变星或 Ia 型超新星之类的标准烛光，对估测遥远天体的距离很有用。

标准模型：一种十分成功地描述基本粒子（夸克、轻子以及携带力的粒子）之间相互作用的数学模型。从数学上说，标准模型描述的是一个抽象的七维对象的对称性。

标准尺度：一个已知大小的天体。如同标准烛光一样，标准尺度对于测量遥远天体的距离很有用，而且还能用来测量宇宙曲率。

强力：通过胶子将夸克束缚在一起的力，也是将质子和中子束缚在原子核内的力。

苏尼亚耶夫—泽利多维奇效应：光子对热电子的散射所引起的宇宙微波背景辐射谱的畸变。

超新星：大质量恒星的狂暴死亡。一颗超新星可以释放大约 10^{51} 尔格（10^{44} 焦）能量，使它成为宇宙中最高能量的事件之一。

叠加：同时具有两种状态的量子力学性质。例如，一个原子可以同时上旋和下旋，直到某件事（如一次观测）毁掉了那个叠加——或者用物理学语言说，就是“波形坍缩”。

超弦理论：十维标准模型的一系列推广，它假设像电子一类的基本粒子实际上是弦，而非点。超弦理论已被统一在 M 理论之中。

超对称：标准模型的推广，它要求标准模型中的每一个粒子都有一个没有被发现的孪生粒子。超对称正确与否，在大型强子对撞机实验结束时应该可以得到检验。

对称性：一个对象或一个过程即使发生了某种变化，仍然保持原样。例如，一张扑克牌是对称的，因为如果把它转动 180°，它看起来还是完全一样。大写字母 H 是对称的，因为它与它的镜像看起来一样。对称的概念是贯穿现代物理学的一个基本思想。

对称群：是一个数学对象，它以抽象形式代表了空间中一个形状的对称集合。标准模型、超对称以及很多其他重要的物理学模型，都是建立在运用对称群的基础之上的。

τ 子型中微子：一类中微子，主要出现在包含 τ 子的反应中。

τ 子：一种与电子和 μ 子类似的轻子，但是比两者都要重许多。

张量：是一个数学对象，用来描述曲率。广义相对论方程描述的就是张量之间的关系。

拓扑缺陷：时空平直度的缺陷。拓扑缺陷可由多种情况引起，如宇宙弦等，而且曾经被认为是代替暴胀理论的一种选择，用以解释宇宙的结构。宇宙微波背景辐射谱于近期排除了拓扑缺陷对早期宇宙结构作出重要贡献这种观点。

塔利—费希尔关系：一个星系旋转速度与其亮度之间的关系。塔利—费希尔关系于 20 世纪 70 年代被发现，它把星系变为（不是非常准确的）标准烛光。

Ia 型超新星：当一颗年迈的小恒星通过其伴星增加了自身质量并超出了钱德拉塞卡极限，就形成了 Ia 型超新星。这些超新星往往具有同样的能量，从而成为标准烛光。

波长：一个波相邻的两个波峰之间的距离。对于光来说，一个光子的波长越长，其能量就越小。

W 玻色子：一种传递弱力的基本粒子；已知有两种，即 W^+ 和 W^-，它们分别携带一个正电荷和一个负电荷。

弱力：由 W 玻色子和 Z 玻色子传递的力，这种力能够改变粒子，比如将上夸克变为下夸克，或者将中微子变为电子。

白矮星：较小恒星的最后阶段（我们的太阳将会变成一颗白矮星）。较大的恒星变为中子星、夸克星或黑洞。

弱相互作用大质量粒子：一种只参与弱相互作用的大质量粒

子，是宇宙中奇异暗物质的主要待选者。弱相互作用大质量粒子可能就是最轻超对称伙伴。

室女座W型变星：一种造父变星，由巴德发现，比传统造父变星暗一些。因为不了解室女座W型变星，使哈勃的计算出现了一个错误。

Z：一种与红移有关的距离的天文学（和非线性）量度。大Z就是大红移。

Z玻色子：传递弱力的一种不带电的基本粒子。

零点能：由于亚原子粒子的自发产生和湮灭而形成的能，即使是在最深度的真空中也会存在这种能。一个最好的猜想是，宇宙学常量正是由于这种零点能引起的。

注　释

第一章

1. 不幸的是，太阳和月亮最后还是让两只狼追上了。
2. 有个传说讲述在一次太阳的日常运行中，赫利俄斯的儿子法厄同（Phaëthon）握着太阳车的缰绳，结果发生了一起灾难性事件。在这次事件中，法厄同因自以为是且驾术不佳而摔死。
3. 在希腊语中行星的意思是“漫游者”。
4. 两个《创世记》中关于男人和女人的起源故事有些矛盾。第一个《创世记》说男人和女人都是在第六天创造出来的。而第二个《创世记》从亚当开始，然后说夏娃是用亚当的肋骨造出来的。因此，犹太神秘主义者认为亚当在夏娃之前曾经有过一个妻子，名叫莉莉斯（Lilith），现在是一个在地球上游荡的妖魔。

第二章

1. 阿奎那利用亚里士多德哲学推断出两个天使不能同时在同一个地方（在

中世纪，这相当于1925年提出的泡利不相容原理）。这一想法被后来的哲学家描述成“针尖上的天使之争”。

2. 从**自然哲学家**这个词过渡到**科学家**这个词，经过了相当长一段时间。

第三章

1. 在亚当斯的《银河系漫游指南》三部曲中，有个极刑执行器，就是通常所说的全景旋涡——它是一种残忍的发明，能把任何生物都变成狂躁的精神病患者。在极刑执行室内有一幅宇宙全景大图，上面有一个小箭头写着“你在此地”。
2. 光速 c 是每秒186 282英里（约30万千米）。虽然这个速度极快，可是太空如此浩瀚，光需要用四年多一点的时间才能从离地球最近的恒星到达地球。这样遥远的距离是以**光年**为单位来测量的，1光年就是光在一年中能够走过的距离：大约是 5.88×10^{12} 英里（9.46×10^{12} 千米）。
3. 天文学家还有一个得力助手，就是通过使用一种比视网膜更为敏感的仪器，以代替望远镜这头的天文学家的眼睛，这就是照相底板。现代望远镜使用一种叫做电荷耦合器件的电子眼，效果更佳。
4. 现代得出的值比200万光年多一点。哈勃出了点小错，使他低估了离仙女座星系的距离。关于这个错误的详细情况见第四章。
5. 星系光的红移思想，是说这些星系正在远去，大爆炸理论怀疑者对此提出异议。他们之中有些人认为，光穿过遥远的距离后，变得“疲劳”了，变红了。因此，变红是由于“光的疲劳”而非多普勒效应所致。这种看法现在已经被彻底推翻。详情参考附录A。

第四章

1. 哈勃常量的单位有点复杂，不过思考一下还是颇有道理的。H_0 测量的是速度和距离之间的关系：天体越远，退行越快。km/sec（千米/秒）这一部分是速度；Mpc，即“百万秒差距”，是一种距离单位，大约相当于326万光年。因此，离地球每多一个百万秒差距的距离，平均而言星系就会以每秒快大约72千米的速度迅速离开。为明了起见，以后略去km/sec/Mpc。

2. 铁是最稳定的原子核，因此，从某种意义上说，每一种元素都“想”成为铁。取氢原子，把它们聚合成氦，使之在化学元素周期表上更靠近铁，所以这个反应释放能量。这种情况对比铁轻的元素是适用的，不过，一旦想把铁与某种东西聚合在一起，该原子就会远离元素周期表上的铁，所以这种反应并不释放能量，却吸收能量。正是这个原因使核熔炉的燃料耗尽。
3. Z是天文学家用来测量极远距离的术语；它与天体红移有关。根据红移与距离的哈勃关系，Z越大，红移越大，则天体的距离越远。
4. 常量一般不会改变，但是对天文学家来说，“常量”只是指目前的宇宙膨胀。更多的细节后面很快还会谈及。

第五章

1. 像氧和碳这类比较重的元素，即使在地球上比较丰富，但在宇宙中却是非常罕见的。大爆炸并没有形成这些比较重的元素；它们形成于恒星中心，这些恒星就像高压锅式的早期宇宙一样，炽热、致密得足以使原子核聚合在一起。地球上所有重元素都是在爆炸的恒星中形成的，这些重元素就是散播在一片膨胀的星云中的生命的种子。所以卡尔·萨根（Carl Sagan）常说，我们全都是由恒星上的东西构成的。
2. 夸克—胶子等离子体就是由这种普通的等离子体类推而命名的。在等离子体中，电子和原子核四处游动，就像夸克和胶子在夸克—胶子等离子体中随意游动一样。
3. 美俄军方曾进行过在飞机周围制造等离子云的实验，因为等离子云吸收入射的雷达波束，而雷达波束说到底就是一种光束。

4. 可惜的是，在描述很久以前或很远的地方发生的某些事情时，时空的共同性质会把事情弄得一团糟。复合发生在近 140 亿年前，所以从某种意义上说，它发生在很久以前。不过，我们收到的是花费了 140 亿年到达这里的那个时代的光波，所以从另一种意义上说，这是现在正在发生的真实事件，只不过是发生在很远的地方罢了。当我们向很远处的物体看去时，我们也是在逆着时间看过去。

5. **各向同性**是指某性质在所有方向上都一样，用“isotropic”一词表示。其中，“iso”是希腊文前缀，意为“相同”，而“tropos”意为“性质”或“特点”。而各向异性（anisotropic）的意思正好相反，即不是在每个方向上都相同。

6. 赫兹（Hz），是科学家姓名的简写，作为计量单位，1 赫兹指每秒钟发生一个动作，如耳膜的一次振动，节拍器的一次滴答，或者轮子转动一周，等等。

7. 记住，物体收缩时发热，膨胀时冷却。

8. 这个例子很好地说明了当研究像宇宙这样大的事物时，我们的语言是何等贫乏。**全球范围**这个词本来是指我们能想到的最大的事物，而在这里却被用来谈论整个宇宙，这看起来好像十分可笑。

9. 宇宙学家喜欢平直宇宙的想法，因为在数学上很简单，但是他们所有的测量（后面章节涉及更多）都表明，宇宙中物质的总量大约只有形成平直宇宙所需要的物质量的三分之一。

10. 在科学家真正考虑到存在一个宇宙学常量 Λ 的可能性之前，宇宙曲率决定着宇宙的命运；正曲率意味着宇宙将会在大挤压中坍缩，而负曲率或者零曲率意味着宇宙会永远膨胀。然而，Λ 把这个有条不紊的联系打乱了，一旦我们允许有 Λ，就可能有一个永远膨胀的、有正曲率的宇宙，或者一个坍缩的、有负曲率的宇宙。不管怎样，这些概念仍然有联系，虽然它们之间的关系比曾经认为的更复杂。

第六章

1. 实际上，Ω 是指密度而不是指物质和能量的量值，但是这两个概念可以互换使用。
2. 在希腊语中，“barys”这个词的意思是“重”。轻子（leptons）是像电子一样轻的粒子，希腊语中“leptos”这个词的意思是“小”。中等重的是介子（mesons），如 π 介子。可能读者已经猜到“mesos”是“中等”的意思。
3. 就我们所知，经过很长很长时间，它仍有衰变的可能性。
4. 确立这个比例的计算结果，也促使了他的同事阿尔弗和赫尔曼进行有关宇宙背景辐射的首次预测。
5. 其他组成部分在后面章节中还要讨论。另外，宇宙学家通过用 Ω 以及有关的量乘以一个考虑哈勃常量的因子，来弥补宇宙的膨胀。为了简便，我一直省略了那个因子。
6. 除了氦 4 之外的其他元素，情况就更复杂了。例如，随着密度增加，氘的比例**下降**，因为伴随着氦 4 的产生，氘也被消耗了；产生的氦 4 越少，剩下的氘就越多。观测表明，所有这些元素的丰度与预测的极为一致，与伽莫夫创建的理论也极为一致，这为大爆炸理论提供了又一个与宇宙背景辐射无关的非常有力的证明。大爆炸理论说，在任何特定条件下，必然有氢对于氦 3、氦 4、氘、锂的一定比例，而这正是天文学家所见到的。还有另一个关于大爆炸的预测也被证明是正确的。核合成、哈勃膨胀以及宇宙微波背景，构成了支持大爆炸理论的中流砥柱。
7. 唯一的例外是水星。水星稍微偏离牛顿的预测。由于爱因斯坦，我们现在知道了太阳的质量使它周围的空间和时间弯曲。水星离太阳很近，并以牛顿从未预测到的方式受到时空曲率的影响，使它的轨道略有改变。

8. 鲁宾文章的标题把仙女座星系说成是星云，我们又听到了哈勃之前的称呼。老名词总会不时地冒出来。

第七章

1. 当然，恒星在更大引力的影响下，往往会变成超新星，不过这已超出了本例的关注点。
2. 计算结果并不总是直截了当。天文学家必须把各种影响都考虑进去，例如，由于尘埃造成的光的变红，以及所谓的“上帝的手指”效应。这种效应是一种失真，它把遥远星系团拉长，使星系团看起来就像一根直指我们的细长手指。(不知道是上帝的**哪一根**手指。)
3. 光也有粒子的行为。实际上，光既是波也是粒子。

第八章

1. 当然，这导致事情有些反常，轻子（τ 子）居然比重子（如质子）重。然而，即使重子/轻子的这个区别变得模糊，我们仍将继续使用这种术语，其原因将会讲清楚。
2. 爱因斯坦著名的方程 $E = mc^2$ 表明，物质能够转换为能量，反之亦然。因此，粒子物理学家往往不用千克这个质量单位，而是用电子伏这个能量单位来表示粒子的质量。(1 电子伏，是一个电子在通过电势差为 1 伏的区域后所得到的能量。)一个电子的“质量”是 0.511 兆电子伏，反电子的“质量”也一样，因此，所释放的能量总共是 1 兆多电子伏。尽管在亚原子水平上，这些能量已经是很多了，但要使一个 40 瓦灯泡点亮 1 秒钟则需要 250 **万亿**兆电子伏。
3. 反物质与物质接触时，它们彼此湮灭。因此，不管读者什么时候碰上自己反物质的另一半，做什么都行，就是不要握手!
4. 事实上，夸克的自旋比最基本的数学结构所确定的自旋来得小，因为胶子这种把夸克聚合在一起的粒子也有自旋。

5. 我们可以直接看到这种现象：梳一梳头发，在梳子上积聚一些静电荷，然后把梳子靠近一个水流很细的水龙头，就可以看到水流弯向梳子一边，水被梳子上的电荷所吸引。
6. 总之，一个粒子或者一个夸克越是重，就越是罕见，其原因将在第十二章探讨。到目前为止，上夸克和下夸克是最轻、最常见的夸克，其次是奇异夸克，接下来是粲夸克，然后是底夸克，最后是顶夸克。一个粲夸克的质量大约是一个上夸克质量的1000倍，所以很难找，想在对撞机中产生也很困难。这种质量与稀有程度的关系，也是 τ 子远比 μ 子罕见，μ 子又远比电子罕见的原因。
7. 极高能量的宇宙线一直在轰击着月球，这种作用与相对论性重离子对撞机聚集的碰撞力同样强，因此不难看出，如果那些悲观的预言者所说的话是正确的，那么宇宙末日早就降临了。

第九章

1. 即使轻子是基本粒子，它们也会衰变成其他更加稳定的粒子，这个过程后面很快会讲到。密歇根大学的物理学家凯恩（Gordon Kane）提出了一个重要论点：在涉及粒子物理学时，**衰变**这个词会产生误导。他在《超对称》（*Supersymmetry*）一书中写道：“**衰变**这个词在物理学和日常生活中使用方式的最大区别是，表现为具有最终状态特点的粒子，在任何意义上都不是已经存在于正在衰变的粒子中。最初的粒子真的不见了，而最后的粒子出现了。”
2. 虽然在涉及真空能时，好像能够无中生有——后面就要说明这一点。
3. 某些物体（如光子），可以有动量而没有质量，我们先不必去管它。
4. 作者声明：对于在动量实验中受伤概不负责。
5. 严格地说，在 β 衰变中飞出的是反中微子。除非区别中微子和反中微子是一件很重要的事，否则，物理学家往往把两者都叫做中微子。

6. 考恩于20年前离世，诺贝尔委员会没有死后追认奖。

7. 实际上，电磁力和弱力是“统一”的力，也就是说，它们显示出同一个基本现象的不同方面，即使看起来完全不同。如同一个玻璃花瓶和一堆沙子，好像具有完全不同的性质，但如果把两者加热，使温度足够高，就可以看出它们实际上是同一种物质，即二氧化硅。同理，电磁力和弱力其实是同一种基本力，这在极高温度下变得尤为明显。（格拉肖、萨拉姆、温伯格等人证明了这一点，并因此而荣获了1979年诺贝尔奖。）科学家相信，强力将在更高的温度下与这种电弱力相统一，他们还期望在这种大统一的前景中，也能包括引力。如果他们成功了，那么他们将最终创建“万物之理”，即宇宙中的物质如何行为的那个终极理论。

8. 物理学家称这种光子为**虚**光子，与“实”光子相比，它们是一种不同的存在形式。当我们论及充满真空的粒子时，还会讨论这个难以想象的概念。

9. Z玻色子在被发现之前，是一种通过电弱相互作用理论预测的粒子，这又是一个表明该理论抓住了粒子相互作用本质的很好例子。有可能还存在其他尚未被发现的传递弱力的粒子，如所谓的Z′玻色子。附带说一下，**玻色子**和**费米子**这两个专门名词，后面还会重点提到，它们指的是一个粒子所具有的自旋。玻色子和费米子的性质截然不同。所有轻子和夸克都是费米子，而所有携带力的粒子则都是玻色子。

10. 物理学家通过把标准模型扩大，将一种叫做希格斯玻色子（使粒子具有质量）的新粒子包括进去，解决了这个问题。希格斯粒子很可能在下一个10年中被发现，如果没有被找到，那么粒子物理学家就有大麻烦了。希格斯粒子的发现，对于了解物理领域将是一个卓越贡献。不过，既然它对宇宙学领域没有任何直接后果，所以希格斯粒子物理学就超出了本书的讨论范围。

11. 严格地说，这3种中微子是3种**基元**的一个混合体，这3种容易使人混淆的基元分别是 υ_1、υ_2和 υ_3。例如，做些认真测量，一个电子型中微子可能多半是 υ_1，带一点儿 υ_2和 υ_3。而 μ 子型中微子可能多半是 υ_3，也带一点儿 υ_1和 υ_2。因此，电子型中微子、τ 子型中微子和 μ 子型中微子只不过是以稍稍不同方式混合起来的同一些东西而已。
12. 这些宇宙线往往带有巨大能量。1991年10月，以犹他州为基地的观测站发现了一种宇宙线——亚原子粒子——携带的能量相当于时速88千米的棒球。科学家给这种粒子起了一个绰号，叫“啊，我的天哪”粒子。
13. 2002年，宾夕法尼亚大学物理学家戴维斯和东京大学物理学家小柴昌俊因检测到来自太阳以及其他天体物理源的中微子而获得诺贝尔奖，他们的检测结果导致了太阳中微子悖论的形成。
14. 电子型中微子通过W玻色子与电子相互作用，也可以通过Z玻色子与物质相互作用。τ 子型中微子和 μ 子型中微子同样能通过Z玻色子发生作用，但是，由于 τ 子和 μ 子非常罕见，所以W玻色子的相互作用大部分都不为其所接受，使得它们更难以发现。
15. 2001年，“超级K”检测器发生了一次重大事故。其中一条测光管破裂，冲击波摧毁了其余大部分管道，导致检测器失灵，需要几年时间才能使它恢复到全速运行状态。这对中微子物理学是一次沉重打击。然而，相关研究的进展很快，尤其是现在萨德伯里中微子观测站正在运转中，到这个10年结束时，科学家应该仍然能够了解这些奥秘。

第十章

1. 有一个关于美国物理学会的虚构的故事，讲述了这个学会如何在拉斯维加斯举办一次年会。那些在计算概率方面堪称专家的物理学家，拒绝在赌场内赌博。他们知道，赌场有统计优势，从长远看，赌场肯定是赢家。因此，这个故事说，由于所有与会者都不是赌徒，所以赌场损失不小，大为不快。结果物理学家被宣布为不受赌场欢迎的人，不许他们再到拉斯维加斯召开会议。

2. 可惜的是，某些物理学的普及读物夸大了东方哲学和粒子物理学之间的联系，使其极为荒谬。

3. 虽然**群**的概念与一座金字塔或一个立方体这样的物体的对称性有紧密联系，但是数学家一般并不去想象这些对象的形状。大多数群都极为复杂，无法用三维对象的对称性描述——标准模型的群在形式上具有 $SU(3) \times SU(2) \times U(1)$ 的结构，其中 $SU(3)$ 涉及量子色动力学——因此，数学家不得不使用更高维度对象的对称性描述。而这与粒子或宇宙本身是否多于三维（或四维）毫无关系，只与群所联系的抽象对象有关。维度是一种数学形式，仅此而已。

4. 加速器和中微子检测器之所以安放在地下，出于不同原因。中微子检测器必须屏蔽掉宇宙线；工作人员必须与粒子加速器隔离，因为随着粒子绕圆周运动，加速器会产生大量辐射。（这种现象被称为同步加速辐射。）

5. 由于费用超支，2007 年看起来是乐观了一两年。

第十一章

1. 尽管光具有动量，但实际上并没有质量，所以这首诗有点使人误解。这是因为诗人享有语言运用方面的一些特权。

2. 严格地说，所有黑洞都释放出被称为霍金辐射的某种东西。霍金辐射非常微弱，不能直接探测到。黑洞还有一种“释放”光的途径，下一个注释将会谈及。

3. 事实上，像人马座 A^* 这样的超大质量黑洞，并非总是看不见，原因是它们饥不择食。当它们吞噬物质和能量时，会出现明亮的喷射，在宇宙的另一半都看得见。碰巧，人马座 A* 现正安静得出奇。

4. 引自麦克图特数学史档案。
5. 类星体是“类似恒星的天体”，它是一种非常遥远、小而明亮的能量源。科学家现在认为类星体就是一种星系，在其中心有一个大质量黑洞，且发射出大量的光。
6. 2002 年，美国国家科学基金会为安装南极望远镜拨款 1700 万美元，该望远镜将利用苏尼亚耶夫—泽利多维奇效应，来寻觅因过于暗淡或过于遥远而无法用其他手段发现的星系，并绘制宇宙中物质的分布图。
7. 例如，它很巧妙地解释了矮星系的自转速度。
8. 除了弱相互作用大质量粒子之外，还有其他一些暗物质待选者，比如一种叫做轴子的奇异的、标准模型之外的粒子。然而，弱相互作用大质量粒子无疑是物理学界最中意的。

第十二章

1. 这个原理就是质量较大的粒子往往较不稳定的部分原因。能量与时间之间的关系指的是，越高能的现象（如质量越大的粒子）往往在越短的时间间隔内出现。寻找发生在越来越微小范围内的新物理学现象，需要能量越来越大的粒子加速器，也正是这个原因。给碰撞倾注的能量越多，在能量和动量方面所具有的不确定性就会越大[如果你以每小时 100 英里（约 160 千米）的速度扔出一个球，与只以 50 英里（约 80 千米）的时速扔出的球相比，就有更大的可能速度范围]，所以就能在越来越小的尺度上看到目标。如果把尺度缩到足够小，就有可能看到超对称粒子和其他尚未发现的现象。
2. 处理这种无穷大的方法叫做重正化，而量子电动力学中的重正化，是费恩曼、施温格和朝永振一郎获得 1965 年诺贝尔奖的工作的一部分。10 年后，物理学家韦尔特曼和特霍夫特研究出如何使电弱作用重正化，但是，他们的方法只有在理论学家加入一个当时尚未发现的顶夸克时才有效。因此，物理学家开始寻找它，并且在1995年找到了它。顶夸克的发现是特霍夫特—韦尔特曼理论的巨大胜利，他们二人也因这一发现获得了1999年诺贝尔奖。

3. 另一个竞争者是精质的神秘粒子，它施加一种斥力，所以精质的暗能量不是真空能。然而，与那些以宇宙学常量为基础的模型（以真空能作为暗能量的来源）所存在的问题相比，精质模型存在的问题也少不到哪里去。

4. “实在太多”是多少呢？可达10的120次方！这是个令人吃惊的数字。要知道，单个原子的质量与宇宙中所有原子的质量之间的差别，还没有10的120次方。

5. M理论是较为人知的超弦理论的延伸，它们都归于同样的数学框架，第十四章还要对此进行讨论。

6. 这并不违反爱因斯坦所说的信息传播以光速为限。爱因斯坦定律限制了物体**沿**时空结构运动的速度；而宇宙暴胀理论是说，不受爱因斯坦的速度限制的时空结构本身是以超光速膨胀的。

7. 科学家在分析涨落时，要观察谱，这同我们让光束通过棱镜，就能知道它所包含的颜色成分是一样的。我们也可以通过数学方法，来分析涨落或噪声的成分——涨落倾向的尺度。这种分析的结果表明了一定尺度的涨落出现的频繁程度如何；例如，由每100次1米“宽”的涨落，我们有可能得到10次10米宽的涨落，以及1次100米宽的涨落。这种特别的分布（其尺度大小与涨落次数成反比），叫做尺度不变谱，因为不论我们使用什么样的长度来测量，米也好，英尺也好，弗隆* 也好，这种描述涨落的曲线形状，看起来都是完全一样的。20世纪70年代，哈里森

* 1弗隆≈201米。——译者

(Edward Harrison)、泽利多维奇、皮布尔斯和尤指出，宇宙背景辐射应该有一种尺度不变谱（也叫哈里森—泽利多维奇谱）。古思的暴胀设想很自然地导致质量起伏的尺度不变谱，这也助了暴胀理论一臂之力。

8. 或许我们的真真空并不是真正的最低能量状态；或许还有一个“更真的”真空，其零点能比我们的真空更少。1983 年，两位科学家在《自然》(Nature) 杂志上发表了一篇论文，探讨了如果物理学家不小心触发了从我们的真空到一个更低能量状态的第二轮凝结可能会发生些什么。长话短说，那就是我们的宇宙将被毁灭。这就是在第八章中提到的布鲁克黑文国家实验室抗议者的一个根据，那一章的注释 7 说明了我们的宇宙将继续存在的理由。

第十三章

1. 还有一种现象就是伦斯—瑟琳效应，也与时空结构上运行着的天体的作用有关。爱因斯坦的理论预测说，一个自转的大质量天体（如地球）将“牵引”着这种时空结构与它一起运动，并使其扭曲，就像一个时睡时醒的人把自己身下的床单弄皱一样。这种时空结构牵引效应，只是最近在黑洞和中子星周围才被检测到。一颗造价极高的卫星（引力探测器 B）在围绕地球运行时，将对这种效应进行探测。
2. 泰勒邀请了贝尔陪同他参加诺贝尔奖颁奖仪式。
3. 在描述度角尺度干涉仪和宇宙微波成像仪的微波望远镜时，我们已经提到过干涉测量术的概念；这些仪器利用了光的波动性，就像现代导弹巡洋舰一样，给自己装备了一个强大的方向性可控的天线，虽然最终结果有所不同，但是所依据的原理是一样的。
4. 它利用一个激光束来判断到光盘表面的距离，以及在某个特定处是否有一个凹陷等。由这些小凹陷组成的图案，告诉唱机给扬声器发送什么样的信号。

5. 实际上，还有一种选择，但是在技术上行不通。如果我们利用波长极短的光束——例如，高能 γ 射线——我们的干涉仪就不必特别长，因为我们测量的长度变化是相对于波长来说的。（你应当会注意到，这时候海森伯测不准原理将再次粉墨登场；我们用来测量某物的粒子的能量和动量越大，我们能够测量的尺度的变化就越小，或者说，我们能够测量的现象所发生的时间就越短。）可惜，科学家无法制备 γ 射线激光，所以，这种想法也就没有下文了。
6. 激光干涉引力波观测台是世界上最强大的引力波检测器。欧洲的 VIRGO 和日本的 TAMA 也在做同样的工作，不过它们的干涉仪的臂比较短，所以没那么灵敏。另有一些实验设备（例如 ALLEGRO，也建在华盛顿州），利用大质量物体作为调谐器来检测通过的某种频率的引力波。这种实验的灵敏度就更低了，但是与激光干涉引力波观测台联合起来，或许会得到某些有意义的数据。
7. 可惜我认为 2008 年过于乐观了，我并没有看到美国航空航天局有办法克服巨大的技术障碍，从而使航天器能够以所要求的精确度固定位置，起码在不久的将来还无法做到。我倒希望我的看法过于悲观，没有看到解决这些难题的办法。
8. 小女孩也可以用其他方法摆动跳绳，例如圆圈形。然而，这类运动实际上只是按不同比例，且在不同时间的左右摆动与上下摆动的叠加而已。我们只需要讨论**线**偏振，而不必考虑**圆**偏振或**椭圆**偏振。
9. 你用一个计算器和一副偏光太阳镜就可以发现这一点。试一试通过太阳镜来看显示器，转动计算器，这时你就会看到，显示器会随着眼镜偏振滤光片交替对齐和错位而忽隐忽现。

第十四章

1. 这些维度中的大多数都是**紧致化的**，或者说是蜷曲起来的，所以，我们无法感知它们。从我们所熟悉的维度去看，这些维度并不真正具有任何“意义”。这个理论有几个有意思的变种，较引人注意的是由哈佛大学的阿卡尼-哈米德（Nima Arkani-Hamed）和加利福尼亚大学戴维斯分校的阿尔布雷克特（Andreas Albrecht）所提出的理论。在这些理论中，有些多出来的维度相对大一些，甚至达到毫米的尺度，有可能会出现一些可观测的结果。

2. 随着时间的流逝，天空中可以观测的东西越来越少，因此，芝加哥大学的特纳敦促说：“快点为宇宙学提供资金吧！”
3. 就是说，只要它具备有限的记忆。奇怪的是，当一个计算装置**擦除**一个先前在内存中用过的位置时，能量的消耗也会发生。[这个怪定律是国际商用机器公司已故的兰道尔（Rolf Landauer）发现的。]
4. 有些人会说，这个过程已经开始了。
5. 至少在瞬间是这样。科学家正在研究是什么促使一个量子客体“选择”叠加和结束叠加。在量子力学中，这个题目（即退相干）是个十分热门的话题。某物越大，与其环境隔离得越不彻底，那么它发生退相干并失去叠加状态就越快。即使没有人进行观测，一只肥大且热乎乎的猫，不可能使叠加状态保持太长时间。
6. 2001年，澳大利亚和美国的科学家找到了一个证据，其中的一个常数，即与电磁相互作用强度有关的精细结构常数，可能在百十亿年中出现过极微小的变化。2002年，另外一组科学家指出，一个变化中的精细结构常数说明光速也可能在变化。虽然这些观测都被天体物理学界认真对待，但是一致的意见是，这些观测存在着难以捉摸的问题，如此看来，精细结构常数其实也许并没有发生什么变化。不过，这是物理学家今后值得注意的事。
7. 实际上，最后成为适合于生命的宇宙的概率还是相当大的，因为那些宇宙往往会成为最复杂的宇宙——它们有最多的选择。每种选择都像是一棵树上的一根树枝；有些宇宙像是发育受阻的小树苗，而另一些宇宙则像高耸的参天大树，有着无数的枝条。那些简单的宇宙，那些坍缩或没有什么东西的宇宙，没有多少枝条。如果我们纯粹看数字（此处不必考虑我们是在与无限打交道），那么我们所坐的任何树枝都可能来自一个复杂宇宙，相比简单宇宙，复杂宇宙更有可能使生命得到保护。

8. 这种巧合不像看起来那么麻烦，因为我们本身的存在以及我们对宇宙状态的求知能力，都是在宇宙适于居住的情况下能够预测到的。不幸的是，这种被称为弱人择原理的理论，虽然的确解决了精心调整巧合性的一些问题，但是并没有提供新的信息。

附录 B

1. 宇称是个数学用词，涉及空间对称。严格说来，P 对称涉及的是三面镜子而非一面镜子的反射。你可以把左换成右，上换成下，前换成后。
2. 科学家现在认为，依然正确的对称是 CPT 对称，其中 T 对称是指时间。在物质与反物质对调且镜面反射后的另一个相似的宇宙中，如果时间的流逝再是逆向的，那么这个新宇宙和我们的宇宙将无法分辨。目前尚未发现任何 CPT 对称性破坏的迹象。
3. CP 破坏的数学表示，依靠的是卡毕博—小林—增田矩阵。这个矩阵包含了夸克之间某些种类的相互作用，该矩阵中的各个项并不是全部已知的，尤其是涉及 CP 破坏的那些项。K 介子出现在矩阵的某些项中，但是，需要有另一个项才能确定整个矩阵。这就是科学家需要另外一种粒子以了解 CP 破坏过程全貌的原因。

参考文献

Books and Articles

Albrecht, Andreas, et al. "Early Universe Cosmology and Tests of Fundamental Physics: Report of the P4.8 Working Subgroup, Snowmass 2001." In arXiv.org e-Print archive (www.arxiv.org), hep-ph/0111080, 7 November 2001.

Anderson, C. D. "The Positive Electron." *Physical Review* 43 (1933): 491.

Arabadjis, J. S., et al. "Chandra Observations of the Lensing Cluster EMSS 1358+6245: Implications for Self-Interacting Dark Matter." In arXiv.org e-Print archive (www.arxiv.org), astro-ph/0109141, 19 February 2002.

Aristotle. *De Caelo*. J. L. Stocks, trans. Available at classics.mit.edu/Aristotle/heavens.1.i.html

——. *The Metaphysics*. John McMahon, trans. Amherst, N. Y.: Prometheus Books, 1991.

——. *Nichomachean Ethics*. H. Rackham, trans. Cambridge, Mass: Harvard University Press, 1934.

Augustine. *Confessions*. Henry Chadwick, trans. Oxford: Oxford University Press, 1991.

Bahcall, Neta, et al. "The Cosmic Triangle: Revealing the State of the Universe." *Science* 284 (1999): 1481.

Bautz, M. W., et al. "Chandra Observations and the Mass Distribution of EMSS 1358 + 6245: Toward Constraints on Properties of Dark Matter." In arXiv. org e-Print archive (www. arxiv. org), astro-ph/0202338, 18 February 2002.

Bania, T. M., et al. "The Cosmological Density of Baryons Form Observations of $^3He^+$ in the Milky Way." *Nature* 415(2002): 54.

Bearden, I. G., et al. "Rapidity Dependence of Antiproton to Proton Ratios in Au + Au collisions at sqrt(s_{NN}) = 130 GeV." In arXiv.org e-Print archive(www.arxiv.org), nucl-ex/0106011, 13 June 2001.

Belli, P., et al. "WIMP Search by the DAMA Experiment at Gran Sasso." In arXiv.org e-Print archive (www. arxiv.org), hep-ph/0112018, 3 December 2001.

Biagioli, Mario. *Galileo Courtier*. Chicago: University of Chicago Press, 1994.

Blake, Chris, and Jasper Wall. "A Velocity Dipole in the Distribution of Radio Galaxies." *Nature* 416(2002): 150.

Blandford, R. D. "Cosmological Applications of Gravitational Lensing." *Annual Review of Astronomical Astrophysics* 30 (1992): 311.

Blasi, P., et al. "Detecting WIMPs in the Microwave Sky." In arXiv.org e-Print archive(www.arxiv.org), astro-ph/0202049, 5 February 2002.

"Bush Finds Error in Fermilab Calculations." *The Onion*, 1 August

2001, 1.

Caldwell, Robert, and Paul Steinhardt. "Quintessence." Available at physicsweb. org/article/world/13/11/8

Charbonnel, Corinne. "A Baryometer is Back." *Nature* 415(2002): 27.

Cho, Adrian. "Sign of Supersymmetry Fades Away." *Science* 294 (2001): 2449.

Christenson, J. H., et al. "Evidence for the 2π Decay of the K_2^0 Meson." *Physical Review Letters* 13(1964): 138.

Cipra, Barry. "Shaping a Universe." *Science* 292(2002): 2237.

Cowen, Ron. "A Dark Force in the Universe." *Science News*, 7 April 2001, 218.

Creighton, Jolien. "Listening for Ringing Black Holes." In arXiv. org e-Print archive (www. arxiv. org), gr-qc/9712044, 10 December 1997.

Dalal, Neal, et al. "Testing the Cosmic Coincidence Problem and the Nature of Dark Energy." *Physical Review Letters* 87 (2001): art. no. 141302.

Davidson, Keay. "Feud Overshadows Discovery: 2 Teams Detect Signs of First Galaxies Formed after Big Bang." *San Francisco Chronicle*, 4 August 2001, p. A2.

Eliade, Mircea. *From Primitives to Zen*. San Francisco: Harper and Row, 1977.

Ellis, John. "Why Does CP Violation Matter to the Universe?" *CERN Courier*, available at http://www. cerncourier. com/main/article/39/8/16

Ellis, George. "Maintaining the Standard." *Nature* 416 (2002): 132.

Erikson, Joel, et al. "Measuring the Speed of Sound of Quintessence." In arXiv. org e-Print archive (www. arxiv. org), astro-ph/0112438, 19 December 2001.

Farmelo, Graham, ed. *It Must Be Beautiful: Great Equations of Modern*

Science. London: Granta Books, 2002.

Ferriera, Pedro. "The Quintessence of Cosmology." *CERN Courier*, available at www.cerncourier.com/main/article/39/5/11

Feynman, Richard P. *QED: The Strange Theory of Light and Matter*. Princeton: Princeton University Press, 1985.

——. "Space-Time Approach to Quantum Electrodynamics." *Physical Review* 75 (1949): 486.

Finkbeiner, Ann. " 'Invisible' Astronomers Give Their All to the Sloan." *Science* 292 (2001): 1472.

Flambaum, V. V., and E. V. Shuryak. "Limits on Cosmological Variation of Strong Interaction and Quark Masses from Big Bang Nucleosynthesis, Cosmic, Laboratory and Oklo Data." In arXiv.org e-Print archive (www.arxiv.org), hep-ph/0201303, 18 February 2002.

Fox, Karen. *The Big Bang Theory*. New York: Wiley, 2002.

Freedman, Wendy, et al. "Final Results from the Hubble Space Telescope Key Project to Measure the Hubble Constant." *Astrophysical Journal* 53 (2001): 47.

Fritzsch, Harald. *Quarks: The Stuff of Matter*. New York: Basic Books, 1983.

Gamow, G. "The Origin of Elements and the Separation of Galaxies." *Physical Review Letters* 74 (1948): 505.

Gangui, Alejandro. "In Support of Inflation." *Science* 291 (2001): 837.

Gawiser, Eric, and Joseph Silk. "Extracting Primordial Density Fluctuations." *Science* 280 (1988): 1405.

Glanz, James. "Exploding Stars Point to a Universal Repulsive Force." *Science* 279 (1998): 651.

——. "Exploring Cosmic Darkness, Scientists See Signs of Dawn." *New York Times*, 4 August 2001, p. A1.

——. "Germans' Claim on Dark Matter Is Greeted with Skepticism." *New York Times*, 26 February 2002, p. F4.

——. "New Light on Fate of the Universe." *Science* 278 (1997): 799.

——. "No Backing Off From the Accelerating Universe." *Science* 282 (1998): 1249.

——. "A Second Hint of Symmetry Violation." *Science* 282 (1998): 2169.

Goldhaber, G., et al. "Timescale Stretch Parameterization of Type Ia Supernova B-Band Light Curves. In arXiv.org e-Print archive (www.arXiv.org), astro-ph/0104382, 24 April 2001.

Goldsmith, Donald. "Supernovae Offer a First Glimpse of the Universe's Fate." *Science* 276 (1997): 37.

Goldstein, J. H., et al. "Estimates of Cosmological Parameters Using the CMB Angular Power Spectrum of ACBAR." In arXiv.org e-Print archive (www.arxiv.org) astro-ph/0212517, 24 December 2002.

Graves, Robert. *The Greek Myths*. Vols. 1 and 2. New York: Viking, 1955.

Groom, D. E., et al. *Review of Particle Physics*. The European Physical Journal. C15, 1 (2000).

Guth, Alan. "An Eternity of Bubbles?" Available at www.pbs.org/wnet/hawking/mysteries/html/uns_guth_1.html

——. "Inflationary Universe: A Possible Solution to the Horizon and Flatness Problems." *Physical Review D* 23 (1981): 347.

Herodotus. *The Histories*. Aubrey de Selincourt, trans. London: Penguin Books, 1972.

Hewett, Paul, and Stephen Warren. "Microlensing Sheds Light on Dark

Matter." *Science* 275 (1997): 626.

Iliev, Ilian, et al. "On the Direct Detectability of the Cosmic Dark Ages: 21-cm Emission from Minihalos." In arXiv. org e-Print archive (www. arxiv. org), astro-ph/0202410, 22 February 2002.

"In the Dark." *Science* 294 (2001): 1433.

Irion, Robert. "B-Meson Factories Make a 'Number From Hell.'" *Science* 291 (2001): 1471.

——. "LIGO's Mission of Gravity." *Science* 288 (2000):5465.

——. "The Quest for Population III." *Science* 295 (2002): 66.

Kamionkowski, Marc, and Arthur Kosowsky. "The Cosmic Microwave Background and Particle Physics." In physics e-Print archive (www. arxiv. org), astro-ph/9904108, 9 April 1999.

Kane, Gordon. *Supersymmetry*. Cambridge, Mass.: Perseus, 2000.

Krauss, Lawrence. "Cosmology as Seen from Venice." In arXiv. org e-Print archive (www. arxiv. org), astro-ph/0106149, 8 June 2001.

Krauss, Lawrence, and Glenn Starkman. "Life, the Universe, and Nothing: Life and Death in an Ever-Expanding Universe." In arXiv. org e-Print archive (www. arxiv. org), astro-ph/9902189, 12 February 1999.

Krauss, Lawrence, and Michael Turner. "Geometry and Destiny." In arXiv. org e-Print archive (www. arxiv. org), astro-ph/9904020, 1 April 1999.

Kriss, G. A., et al. "Resolving the Structure of Ionized Helium in the Intergalactic Medium with the Far Ultraviolet Spectroscopic Explorer." *Science* 293 (2001): 1112.

Kuhh, Thomas. *The Structure of Scientific Revolutions*. Chicago: The University of Chicago Press, 1996.

Lahav, Ofer, et al. "The 2dF Galaxy Redshift Survey: The Amplitudes of Fluctuations in the 2dFGRS and the CMB, and Implications for Galaxy Biasing." In arXiv.org e-Print archive (www. arxiv. org), astro-ph/0112162, 7 December 2001.

Lee, T.-D., and C. N. Yang. "Question of Parity Conservation in Weak Interactions." *Physical Review* 105 (1957): 1671.

Lineweaver, Charles. "Cosmological Parameters." In arXiv.org e-Print archive (www. arxiv. org), astro-ph/0112381, 17 December 2001.

Lubin, Lori, and Allan Sandage. "The Tolman Surface Brightness Test for the Reality of the Expansion. I. Calibration of the Necessary Local Parameters." In arXiv. org e-Print archive (www. arxiv. org), astro-ph/0102213, 12 February 2001.

——. "The Tolman Surface Brightness Test for the Reality of the Expansion. II. The Effect of the Point-Spread Function and Galaxy Ellipticity on the Derived Photometric Parameters." In arXiv. org e-Print archive (www. arxiv. org), astro-ph/01012214, 12 February 2001.

——. "The Tolman Surface Brightness Test for the Reality of the Expansion. III. HST profile and Surface Brightness Data for Early-Type Galaxies in Three High-Redshift Clusters." In arXiv. org e-Print archive (www. arxiv. org), astro-ph/106563, 29 June 2001.

——. "The Tolman Surface Brightness Test for the Reality of the Expansion. IV. A Measurement of the Tolman Signal and the Luminosity Evolution of Early-Type Galaxies." In arXiv. org e-Print archive (www. arxiv. org), astro-ph/106566, 29 June 2001.

Manchester, William. *A World Lit Only by Fire*. Boston: Back Bay Books, 1993.

Miller, Christopher, et al. "Acoustic Oscillations in the Early Universe and Today." *Science* 292 (2001): 2302.

Miralda-Escude, Jordi. "Probing Matter at the Lowest Densities." *Science* 293 (2001): 1055.

Mohr, Joseph. "Probing the Distant Universe with the Sunyaev-Zel'-dovich Effect." Available at www. astro. uiuc. edu/~ jmohr/Michelson/SZ_probe/

Morales, Angel. "Experimental Searches for Non-Baryonic Dark Matter: WIMP Direct Detection." In arXiv. org e-Print archive (www. arxiv. org), astro-ph/0112550, 27 December 2001.

Nagle, J. L., and T. Ullrich. "Heavy Ion Experiments at RHIC: The First Year." In arXiv. org e-Print archive (www. arxiv. org), nucl-ex/0103007, 15 March 2001.

Navick, X-F., et al. "Dark Matter Search in the EDELWEISS Experiment Using a 320 g Ionization-Heat Ge-Detector." Available at http://www-dapnia. cea. fr/Doc/Publications/Archives/dap-01-11. pdf

Normile, Dennis. "Weighing In on Neutrino Mass." *Science* 280 (1998): 1689.

Ovid. *Metamorphoses*. Rolfe Humphries, trans. Bloomington: Indiana University Press, 1955.

Pahre, Michael, et al. "A Tolman Surface Brightness Test for Universal Expansion and the Evolution of Elliptical Galaxies in Distant Clusters." *Astrophysical Journal* 456 (1996): L79.

Panek, Richard. *Seeing and Believing*. New York: Viking, 1998.

Parodi, B. R., et al. "Supernova Type IA Luminosities, Their Dependence on Second Parameters, and the Value of H_0." *Astrophysical Journal* 540

(2000): 634.

Penzias, A. A., and R. W. Wilson. "Measurement of the Flux Density of Cas A at 4080 Mc/s." *Astrophysical Journal* 142 (1965): 1149.

Percival, Will, et al . "The 2dF Galaxy Redshift Survey: The Power Spectrum and the Matter Content of the Universe." In arXiv.org e-Print archive (www.arxiv.org), astro-ph/0105252, 15 May 2001.

Perlmutter, S., et al. "Discovery of a Supernova Explosion at Half the Age of the Universe and Its Cosmological Implications. In arXiv.org e-Print archive (www.arxiv.org), astro-ph/9712212, 16 December 1997.

Plato, *Theatetus* and *Timaeus*. In *Plato in Twelve Volumes*, W. R. M. Lamb, Harold N. Fowler, Paul Shorey, and R. G. Bury, trans. Cambridge, Mass.: Harvard University Press, 1914 – 1935.

The Poetic Edda. Lee M. Hollander, trans. Austin: University of Texas Press, 1990.

Primack, Joel. "The Nature of Dark Matter." In arXiv.org e-Print archive (www.arxiv.org), astro-ph/0112255, 14 December 2001.

——. "Whatever Happened to Hot Dark Matter?" *Beam Line*, Fall 2001, 50.

Redondi, Pietro. *Galileo Heretic*. Princeton: Princeton University Press, 1987.

Reines, F., and C. L. Cowan. "Free Antineutrino Absorption Cross Section. I. Measurement of the Free Antineutrino Absorption Cross Section by Protons." *Physical Review* 113 (1959):273.

Rubin, Vera. "Dark Matter in the Universe." *Scientific American*, March 1998, p. 106.

Rubin, Vera, and W. Kent Ford Jr. "Rotation of the Andromeda Nebula from a Spectroscopic Survey of Emission Regions." *Astrophysical Journal* 159 (1970):379.

Schilling, Govert. "Deep-Space 'Filament' Shows Cosmic Fabric." *Science* 292 (2001) : 1629.

——. "Signs of MACHOs in a Far-Off Galaxy." *Science* 287 (2000) : 779.

Schwarzschild, Bertram. "Cosmic Microwave Observations Yield More Evidence of Primordial Inflation." *Physics Today*, July 2001, 16.

Seife, Charles. "BOOMERANG Returns With Surprising News." *Science* 288 (2000):595.

——. "CERN Collider Glimpses SUpersymmetry — Maybe." *Science* 289 (2000) :227.

——. "CERN Stakes Claim on New State of Matter." *Science* 287 (2000):949.

——. "Echoes of the Big Bang Put Theories in Tune." *Science* 292 (2001):823.

——. "Elusive Particle Leaves Telltale Trace." *Science* 289 (2000):527.

——. "Elusive Particles Yield Long-Held Secrets." *Science* 294 (2001): 987.

——. "Fly's Eye Spies Highs in Cosmic Rays' Demise." *Science* 288 (2000): 1147.

——. "Hubble Knows." *New Scientist*, 5 June 1999, 11.

——. "Masters of Infinity." *New Scientist*, 23 October 1999, 23.

——. "Microwave Telescope Data Ring True." *Science* 291 (2001): 414.

——. "Muon Experiment Challenges Reigning Model of Particles." *Science* 291 (2001): 958.

——. "Neutrino Oddity Sends News of the Weak." *Science* 294 (2001):

1433.

——. "New Collider Sees Hints of Quark- Gluon Plasma." *Science* 291 (2001) : 573.

——. "No Turning Back." *New Scientist*, 31 October 1998, 21.

——. "Orbiting Observatories Tally Dark Matter." *Science* 293 (2001): 1970.

——. "Peering Backward to the Cosmos's Fiery Birth." *Science* 292 (2002): 2236.

——. "Polymorphous Particles Solve Solar Mystery." *Science* 292 (2001): 2227.

——. "Primordial Gas : Fog, Not Clouds." *Science* 276 (1997): 899.

——. "Rings Reveal a Supernova's Story." *Science* 287 (2000): 1580.

——. "'Tired Light' Hypothesis Gets Retired ." *Science* 292 (2001): 2414.

——. "Troubled by Glitches, Tevatron Scrambles to Retain Its Edge." *Science* 295 (2002): 942.

——. *Zero: The Biography of a Dangerous Idea*. New York: Viking, 2000.

Sigg, Daniel. "Gravitational Waves." Available at www. ligowa. caltech. edu/P980007-00. pdf

Sturluson, Snorri. *The Prose Edda*. Jean Young, trans. Berkeley: University of California Press, 1954.

Verde, Licia, et al. "The 2dF Galaxy Redshift Survey: The Bias of Galaxies and the Density of the Universe." In arXiv. org e-Print archive (www. arxiv. org), astro- ph/0112161, 6 December 2001.

Wang, Limin, et al. "Cosmic Concordance and Quintessence." In arXiv. org e-Print archive (www. arxiv. org), astro-ph/9901388, 14 January 2000.

Watson, Andrew. "Pull of Gravity Reveals Unseen Galaxy Cluster." *Science* 293 (2001) : 1234.

Webb, J. K., et al. "Further Evidence for Cosmological Evolution of the Fine Structure Constant." *Physical Review Letters* 87 (2001): art. no. 091301.

Weisberg, J. M., and J. H. Taylor. "Observations of Post - Newtonian Timing Effects in the Binary Pulsar PSR 1913 + 16." *Physical Review Letters* 52 (1984): 1348.

Wilson, Robert W. "The Cosmic Microwave Background Radiation." Nobel lecture, 8 December 1978.

Web Sites

The AMANDA project web site. amanda. berkeley. edu

The Brookhaven National Laboratory web site. www. bnl. gov

The Catholic Encyclopedia. www. newadvent. org/cathen/

The CERN web site. www . cern. ch

The Fermi National Accelerator Laboratory (Fermilab) web site. www. fnal. gov

The Gran Sasso National Laboratory web site. www. lngs. infn. it

Hu, Wayne. "The Physics of Microwave Background Anisotropies." background. uchicago. edu

The IceCube project home page. icecube. wisc. edu

The Kamioka Observatory web page. www- sk. icrr. u- tokyo. ac. jp/index. html LIGO laboratory home page. www. ligo. caltech. edu

The MACHO Project home page. www. macho. mcmaster. ca

The MacTutor History of Mathematics archive. www - groups. dcs. stand.

ac. uk/～history/

Nemiroff, Robert, and Jerry Bonnell. "Great Debates in Astronomy." antwrp. gsfc. nasa. gov/diamond_ jubilee/debate. html

The Nobel e- Museum. www. nobel. se

The Stanford Linear Accelerator Center (SLAC) web site. www. slac. stanford. edu

The Sloan Digital Sky Survey web site. www. sdss. org

The Sudbury Neutrino Observatory home page. www. sno. phy. queensu. ca

The 2dF Galaxy Redshift Survey web site. msowww. anu. edu. au/2dFGRS/

The UK Dark Matter Collaboration web site. hepwww. rl. ac. uk/ukdmc/ukdmc. html

Weisstein, Eric. "Treasure Troves of Science." www. treasure- troves. com

White, Martin. Online cosmology papers. astron. berkeley. edu/～mwhite/htmlpapers. html

图书在版编目(CIP)数据

阿尔法与奥米伽：寻找宇宙的始与终 /（美）塞费
(Seife，C.)著；隋竹梅译.—上海：上海科技教育出
版社，2015.6
（世纪人文系列丛书.开放人文）
ISBN 978-7-5428-6191-7

Ⅰ.①阿… Ⅱ.①塞… ②隋… Ⅲ.①宇宙—普及读
物 Ⅳ.①P159-49

中国版本图书馆 CIP 数据核字(2015)第 052609 号

责任编辑 傅 勇 伍慧玲 郑华秀
装帧设计 陆智昌 朱赢椿 汤世梁

阿尔法与奥米伽——寻找宇宙的始与终
[美]查尔斯·塞费 著
隋竹梅 译

出 版 世纪出版集团 上海科技教育出版社
(200235 上海冠生园路 393 号 www.ewen.co)
发 行 上海世纪出版集团发行中心
印 刷 上海商务联西印刷有限公司
开 本 635×965 mm 1/16
印 张 17.75
插 页 4
字 数 216 000
版 次 2015 年 6 月第 1 版
印 次 2015 年 6 月第 1 次印刷
ISBN 978-7-5428-6191-7/N·934
图 字 09-2009-443 号
定 价 45.00 元